図解 即 戦力

オールカラーの丁寧な解説で
知識ゼロでもわかりやすい！

システム設計の

セオリーと実践方法が
しっかりわかる

これ
1冊で

教科書

石黒直樹
Naoki Ishiguro

JN044035

技術評論社

ご購入前にお読みください

はじめに

　本書を手にとっていただき、ありがとうございます。株式会社グロリアの石黒直樹と申します。前職は日本を代表するシステムインテグレータ（SIer）である株式会社野村総合研究所にて、システムエンジニアとして１５年勤務。主に、高い品質が必要とされる金融系システムを担当しておりました。

　本書は拙著『情シスの定石〜失敗事例から学ぶシステム企画・開発・保守・運用のポイント〜』に続く、情報システムに関する専門書となります。『情シスの定石』は「システムのライフサイクル」を軸に、事業会社の情報システム部（情シス）が知っておくべき全体像や、絶対に押さえるべきノウハウを体系化してお伝えしました。本書はそのほんの一部、「システム設計」にスポットを当てた専門書となります。

　本書は「まったくの初学者」「これからシステム開発に関係しそうな方」「システム設計に興味がある方」にとって「はじめに手にとる１冊」の位置付けで書きました。そのためのコンセプトとして、システム設計の「全体感が分かる」「網羅的につかめる」「より深く学ぶためのヒントをお伝えする」の３点を柱とし、まとめました。3点目についてですが、あえてシステム用語で解説するなど、キーワードを使ってご自身で検索できるようにしました。ぜひ、深掘りしてみてください。

　逆に、個々のシステム開発現場で必要となるスキルやノウハウといった「実務でバリバリ活用できる」情報については色濃くはありません。例えば「工程」という整理の仕方ひとつとっても、子細が異なることが多々あります。初学者からすると混乱の元にもなると判断し、あえて個々のケースについては書かないようにしました。こうしたノウハウは、また別の機会がありましたら、その時にお伝えできればと思います。

　本書を通じ、システム開発に少しでも興味を持っていただき、システム設計がどのようなものかを知っていただく。そして、さらなるステップアップのナビゲートとしてお役に立ちますと、大変光栄です。

2023年8月

石黒直樹

CONTENTS

CHAPTER
3
「システム設計」に影響する考え

CHAPTER
6 データベース設計

サーバ設計

CHAPTER 1

「システム設計」の位置付け

個々の「システム設計」を説明する前に、まず、システム開発全体におけるシステム設計の立ち位置を理解しましょう。また、本章ではそれぞれの活動（工程）について概要を説明します。併せて、本書の前提や構成についても説明します。

01 本書の前提と システム「開発」の全体像

本書はシステム「設計」を説明する本ですが、まずはシステム「開発」とは何か を知る必要があります。本Sectionでは本書の前提を定義するとともに、システ ム開発全体の流れを説明します。

本書が対象とする「システム」

本書で述べる「システム」とは、**「プログラミングを行い構築する情報シス テム」** かつ **「サーバ側にその機能を作り込むシステム」** を指します。例えば 「ブラウザを介して利用する社内業務システム」「一般消費者が利用するEC サイト」などです。

逆に、例えば「スマホアプリの開発」「Windowsアプリケーションの開発」 など、端末にインストールして動かすような仕組みは対象外としています。 設計すべき要素の違いもあり、ひとまとめにしようとすると初学者の方に大 きな混乱を招くと判断し、無理に本書に含めるのは避けました。もちろん、 本書における多くの考え方は活用できます。その他、いわゆる組込みシステ ム[※1]、例えば「電子レンジに組み込むプログラム」なども対象外です。

自前でシステム構築するケースが対象

情報システムを利用するという点では、現在は様々な選択肢があります。 すでに存在するシステムサービスを導入して利用するというケースも多いで しょう。例えば会計クラウドサービスの「freee」を導入するといったケース です。

本書はこうしたサービスを導入する時の設計ではなく、「自前でシステムを 構築する」ケースが対象となります。freeeの例でいくと、freeeを構築する 時のことが対象となる、ということですね。なお、アプリケーションの開発 だけではなく、インフラ（サーバなど）の構築も本書に含みます。

※1)「エンベデッドシステム」と呼ばれ、情報処理推進機構(IPA)主催の情報処理技術者試 験でも「エンベデッドシステムスペシャリスト試験」の区分があります。

● 本書が対象とするシステムのイメージ図

◎ 対象

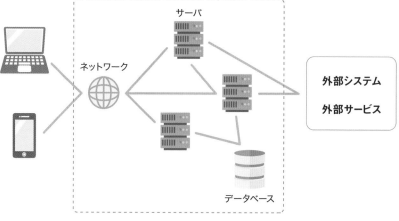

本書の対象となるシステム設計範囲

✕ 対象外

クライアント
（WindowsやMacの）
アプリケーション

スマホアプリ

組込み
プログラム

導入
（各種設定など）

既にある
システムサービス

システム「開発」とは？

　システムはプログラミング言語[※2]で書かれて動くもの。しかし、当たり前ですが、いきなりプログラミングができるわけではありません。システム構築はよく「建築」に例えられますが、いきなりプログラミングするというのは建築図面を作らずに土地にいきなり柱を立て始めるようなものです。**建築図面を作ることがシステム設計とイメージしてください。**

　また、建築図面を作成するためには、どのような建物にしましょうかと要件を確認しますよね。そして、建築した後は「図面通りに建てられているか」「電気はしっかりと付くか」など確認（テスト）しますよね。そして、最後に引き渡しを行います。

　システム構築も実施することは同じです。要件を確認して、それを満たす設計をして、組み立てる。テストを行い、利用開始する。これらの一連の対応をシステム開発と本書では定義します。

分かりやすいウォーターフォールモデルで解説

　システム開発の手法は様々ありますが、古典的で分かりやすいウォーターフォールモデルをベースに説明します。工程ごとにやるべきことがあり、順番に進めていくため、初学者にも分かりやすいモデルです。

本書の構成

　本書は「システム設計」を解説する本ですが、その前後を理解していないと品質の高い設計はできません。設計そのものはもちろんのこと、全体感を説明するとともに、システム開発後の設計書の活用方法も紹介します。

　なお、本書4章以降でそれぞれの設計内容を説明していきますが、ウォーターフォールモデルにおける工程の切り口での整理ではなく、設計すべき大きな分類（本書では「設計分類」と呼ぶ）で説明します。詳しくはSection 07を参照してください。

※2) 少しでもプログラミングをご存じの方であれば、C言語、Java、Pythonといった単語を聞いたことがあるのではないでしょうか。Excelマクロで使うVBAもプログラミング言語の一つです。

● システム開発のイメージ（建築と比較して）

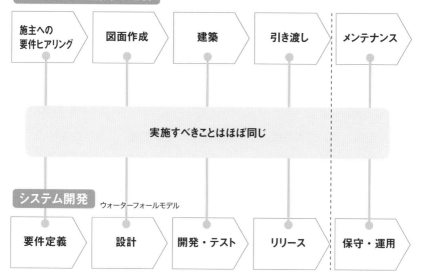

● 本書の構成

章	タイトル	内容
1	「システム設計」の位置付け	システム開発全体についてと、各工程の概要を説明します。
2	「システム設計」とは	システム設計について詳細に説明します。
3	「システム設計」に影響する考え	システムを設計するにあたり、設計に大きく影響する観点を説明します。
4	全体設計	各設計を行う前に、全体に関わる設計を行う必要があります。そうした全体設計について説明します。
5	入出力設計	画面、帳票、インターフェース（IF）といった入出力関連の設計について説明します。
6	データベース設計	データをどのような形で保管するのか。そうした設計について説明します。
7	ロジック設計	各プログラムのロジックをどのように設計するのかを説明します。
8	ネットワーク設計	ネットワーク関連の設計について説明します。
9	サーバ設計	サーバ関連の設計について説明します。
10	設計書の活用	開発完了後の設計書の活用方法について説明します。

02 「要件定義」とは

システム設計に入る"前"の活動となる要件定義工程。しかし、システムのことを考えずに活動することはできません。どのような活動を行い、何をアウトプットするのかを押さえておきましょう。

要件定義は「要件を決める」工程

　要件定義とは、**その名の通り「要件を決める」工程**です。要件定義の対象はシステムだけではありません。業務とシステムをつなぐ、大切な橋渡しを行う工程となります[3]。

　「システムを開発する人」の立場で見ると、想定された新業務を実現するためにはどのようなシステム要件が必要かを設計することになります。

　一般的には次の流れで活動することが多いです。

1．現行業務や現行システムを分析する
2．新業務を定義する（業務要件定義）
3．新業務実現に必要なシステム要件を定義する（システム要件定義）

業務要件定義でやること

　システム化すべき業務を洗い出し、新業務のあるべき姿を設計します。**どのようなシステムが必要となるかのインプットを作成するのが目的**です。

　一番分かりやすい方法は業務フローを作成することです。さらに、現新業務フローを作成することで、現行業務からの変更点や抜け漏れの確認、現新システムの違いも分かりやすくなり、この後の設計の品質を上げることができます。また、業務フローでは表現しづらく、しかしシステムでの処理が必要な重要なビジネスルールがあれば、それもまとめます。

　なお、**システム開発の目的は、この新業務を実現するシステムを開発することになります。システムは業務で活用するためにあるのです。**

※3) 要件定義は本書では詳しく説明しません。例えば『図解即戦力 要件定義のセオリーと実践方法がしっかりわかる教科書』(参考文献10)、『システムを作らせる技術』(参考文献19) などを参照ください。

⊃ 現新業務フローのサンプル

ネット上での本人確認業務

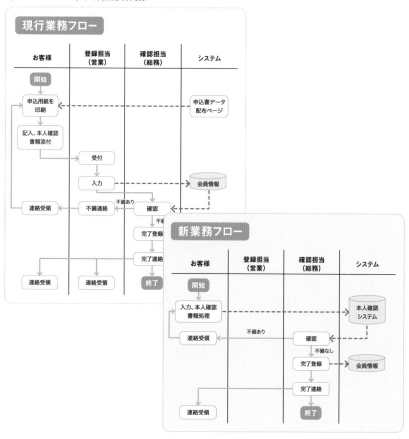

⊃ ビジネスルールのサンプル

ビジネスルール	内容
購入数の制限	いわゆる「転売」が問題になる商品については同一住所の配送先に対しては1個しか注文できないようにする。「転売」対策商品かどうかは、商品マスタの区分にて判断を行う。
会員ランクのチェック	会員ランクをチェックし、有料会員であれば20%オフとする。注文時の金額確認画面で20%オフの表記とともに、20%オフの金額を表示する。
ポイントの有効期限	購入時に取得できるポイントは、注文確定日から90日後（90日後を含む）を有効期限とする。

システム要件定義でやること

　業務要件を実現するための、システムに必要な要件を定義します。「要件」というと分かりづらいかもしれませんが、**その場合は単純に「システムに必要な機能」と読みかえてもよいでしょう。**

　要件は「機能要件」と「非機能要件」に分けることができます。

　機能要件は、そもそもシステムで実現したいことですので比較的設計がしやすいです。しかし、非機能要件はシステム的な観点も多く、それを検討する必要があると分かっていないと見落とすため、とても難しいと言われています。さらに非機能要件の考慮漏れはシステム全体が使えなくなるなど、影響が大きいものが多いです。非機能要件をどこまで設計できるかどうかが、システム品質を大きく左右すると言っても過言ではありません。

機能要件

　システムに求める「機能」を定義します。例えば「商品一覧を表示する画面」「合計金額を計算して銀行振込する機能」「月に1回、収支報告レポートを作成」といったものです。

非機能要件

　システムに求める「機能面以外」を定義します。

　機能面以外？？？　と、言葉を聞くだけでは理解しがたいかと思いますが、例えば「システムの同時利用者数」「システム利用時間帯」「ハードウェア故障時の稼働要件」「セキュリティ対応」などが該当します。

　幸いなことに、様々なシステム構築経験を元に、検討すべき非機能要件の観点を整理した情報があります。システムの特性によって取捨選択する必要はありますが、ぜひ、参考にしましょう[4]。

　非機能要件はこの後実施するインフラ設計（ネットワーク設計、サーバ設計）に大きく影響を与えます。

※4) 技術の進歩、時代の流れに伴い、必要となる非機能要件も変わっていきます。絶えず、最新情報はウォッチするようにしましょう。例えば、過去は現在ほど「個人情報」の取り扱いについて気にしていなかったでしょう。

◯ 機能要件のサンプル

機能要件	内容
クレジットカードで決済	主要なクレジットカードで決済ができること。
領収書をPDFで ダウンロード	お客様自身で領収書をPDFでダウンロードして取得できること。会員ログインが必要。
(社内)売上集計表の作成	売上の合計を確認できる画面があること。売上は最新の売れた情報まで含めること。

◯ 非機能要件の例（ＩＰＡ非機能要求グレード2018を元に作成）

非機能要件の観点の整理方法は様々な形があります。ここではIPA（情報処理推進機構）が公開する「非機能要求グレード2018」を紹介します。

非機能要件	説明	検討する内容(例)
可用性	システムを継続的にどこまで利用可能とする必要があるか	・システムの運用(稼働)時間帯 ・障害や災害発生時の稼働目標 ・業務停止が発生した場合の目標とする復旧ポイント(1時間前の状態、など)
性能・拡張性	システムに必要となる性能や、将来的にどこまで拡張に対応できる必要があるか	・処理のピーク時間、処理量 ・今後の業務量増加の見込み ・画面応答時間
運用・保守性	必要とされるシステムの監視レベルや保守の容易さ	・監視手段 ・保守が可能なタイミング ・サポート体制
移行性	現行システムからの移行に関する要件	・移行の対応量による制約 ・移行方式 ・移行対象
セキュリティ	求めるセキュリティレベル	・利用者のアクセス制御単位 ・守るべきデータ資産の整理 ・セキュリティ診断
システム環境・エコロジー	システムを設置する環境への要件	・法令や条例などの制約の確認 ・消費エネルギーの想定 ・耐震/免震といった環境条件

(出典)「非機能要求グレード2018」(IPA)
https://www.ipa.go.jp/archive/digital/iot-en-ci/jyouryuu/hikinou/ent03-b.html

03 「設計」とは

本書の主題である「システム設計」。詳細は2章以降で説明しますので、ここでは「設計」の立ち位置と、ひとえに「設計」といっても実際の現場では様々な区分けをしていることを説明します。

設計はまさに、システムを設計する工程

決めた要件を満たすためのシステムを設計する工程です。アウトプットは設計書となります。レビューなどで設計の品質を高め、次の工程「開発・テスト」につなぎます。

ただし、現場で実際に作成する設計書は、その案件で必要となる設計範囲、開発規模、開発体制や役割分担[5]といった要因により、大きく異なります。ここでは、ある程度の規模があるシステムを一から構築することを想定した時の流れを示します。

1．要件から、どのようなシステム環境が必要なのかを検討する
2．システム開発全体に関わることを設計する
3．個々の設計を行う

設計工程の区分け、呼び方は色々とある

本書では「設計」とまとめて表現していますが、「外部設計」「内部設計」のように工程を分けることが多いです。そして、ここがややこしいポイントなのですが、**業界、組織、プロジェクトによって、設計工程の呼び方が異なります**。また、同じ呼び方であっても、その工程で実施する内容が異なることもあります。

本書の本質は「システム設計ってどのようなものを設計するの？」という点ですので、工程の区分けに紐付けた設計書の説明は敢えて避けました。なお、実務上は工程を意識することは非常に大切です。ご留意ください。

※5）設計書作成にはコストがかかります。多くの人間で開発する場合はコミュニケーション手段としても設計書が必要となりますが、極端な話、一人で開発できる規模であれば、明示的に設計書を作らなくても構築できるわけです。

⊙ 設計のおおまかな流れ

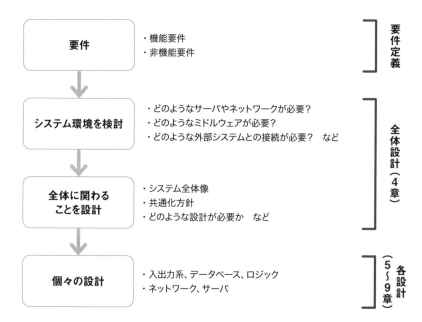

⊙ よくある工程の分け方

よくある パターン	工程名	設計内容の分け方（例）
A	外部設計	・全体に関わる設計 ・外部から見える部位（画面やシステム接続情報など）の設計
	内部設計	外部から見えない、システム内ロジックの設計
B	基本設計	・全体に関わる設計 ・システムに必要な機能、データ、画面などの設計（論理設計） ・利用者目線の設計
	詳細設計	・実際のシステム環境で稼働させるための具体的な設計（物理設計） ・開発者側目線の設計
C	概要設計	システム要件定義〜全体に関わる設計
	外部設計 / 基本設計	（上記参照、全体に関わる設計は除く）
	内部設計 / 詳細設計	（上記参照）

11

04 「開発・テスト」とは

実際にプログラミングを行い、動くシステムを作る工程です。作るだけでは業務で使えない（プログラミングバグ、設計バグ）ことも多いため、テストが必要です。様々な観点でのテストがありますので、そちらも見ていきましょう。

プログラミングして、テストする

設計した内容に沿ってプログラミングを行い、動くシステムを作っていきます。便宜上プログラミングと書いていますが、開発フレームワークやノーコード・ローコード開発ツールなどの利用により、一般的にイメージされるソースコードをカタカタ入力して作っていく形では「ない」ケースもあります。いずれにせよ、採用した技術に合わせて、適した形でシステムを作り上げていくことになります。

そして、作ったものが設計通りに動作しているか、実際に動かしてみて確認（テスト）をします。

書き手によって品質はバラつく

設計書があるのだから誰が作っても同じソースコードになるだろうと考えるかもしれませんが、そう簡単にはいきません。個人のプログラミングスキルに始まり、組織としていかに品質を（均質に）保つ仕組みがあるか、など様々な要因に左右されます。**「とあるシステム機能」の作り方は、それこそ無数にありえるのです。**そうしたバラつきを避けるためには、相当細かなレベルまで設計書を作り込んだり、プログラミングルールを決めてチェックをしたりする必要があるのです。モノづくりの世界で「職人が作るもの」と「新人が作るもの」では同じ設計図を用いても品質が異なることがある、というような話かもしれませんね。右の図は、プログラミングというと微妙かもしれませんが、Microsoft Excelを例にしたイメージです。

もしあなたが開発会社にシステム開発を発注する立場であれば、「設計書があるのだからどこに依頼しても同じ」という考えは危険だと認識してください。保守・運用において痛い目をみます。

➡️ **「設計書からプログラミング」のイメージ例**

🟠 **やりたいこと（設計書の内容）**

C2〜G2セルの合計値をC1に表示

✏️ **実装例①**

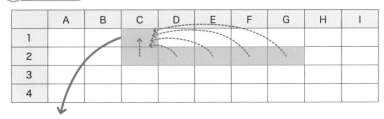

数式＝C2+D2+E2+F2+G2

✏️ **実装例②**

	A	B	C	D	E	F	G	H	I
1									
2									
3									
4									

数式＝SUM（C2：G2）

> **処理結果は同じ。しかし、例えば以下の違いがある**
>
> ・実装例①は、対象の数が多くなると、コーディング漏れが発生しやすい
> ・間に列を追加して、その列も加算する場合、実装例①だと改修が必要
> 　（Excelの仕様上、そのような挙動になる）
>
> ➡️ **将来も考え、どちらがよいかを選択する必要がある**

テストの基本は「V字モデル」

　テストといっても、どのような観点でテストを実施すればよいのでしょうか。**定石とも言える手法が「V字モデル」という考え方です**[※6]。

　設計は要件定義→外部設計→内部設計→開発（コーディング）と進んでいきますが、それらの設計に対応する形で、テストを実施していきます。それぞれの設計で実施している観点やレベル感が異なりますので、その設計内容を確認するテストケースを作成することで、必要となるテストを網羅し、システム品質を担保するわけです。

テスト名称も色々とある

　「設計」でもお伝えしたことですが、テスト名称も様々な呼び方があります。「単体テスト」のような工程名ともテスト名称とも取れるような名称もありますし、「外部接続テスト」「セキュリティテスト」など、テスト内容を表すような名称を使うこともあります。

　大切なことは何の設計に対して、どのようなテストを実施するのかということです。極論、テスト名称は名前にすぎませんので、総合テストを実施したからシステム品質は問題ない、といった上辺だけの判断はとても危険です。

本番環境と同等のテストは難しい

　「本番環境」とは実際の業務を行うシステム環境・状況のことですが、その本番と同等のテストを実施するのは難しいものだ、と理解しておきましょう。開発やテストを行う環境を「開発環境」と言いますが、本番環境とは異なる点が多々あります。サーバ台数やネットワーク構成が違う、本番同等のデータボリュームやバリエーションの準備ができない、本番稼働している外部接続先にテストデータを接続するわけにはいかない、などがあるためです。そうした制約を踏まえた上でそれぞれのテストで品質を担保できるかがエンジニアの腕の見せどころでもあります。

[※6]　プログラミングとテストも様々な開発手法があります。例えば「テスト駆動開発（TDD）」であれば、最初にテストを作り、その後ソースコードを洗練させていくような進め方をします。

14

➡ V字モデル

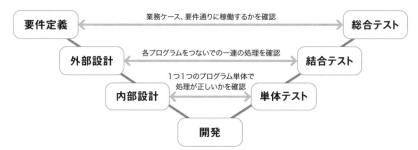

V字に工程を進めていくので「V字モデル」と呼ばれる

➡ 色々なテスト名称

テスト名称	概要
Unit Test (UT)、モジュールテスト、ソフトウェアテスト	単体テストとほぼ同義です。
Integration Test (IT)、Joint Test (JT)、連結テスト、統合テスト	結合テストとほぼ同義です。
System Test (ST)	総合テストとほぼ同義です。
(ユーザ) 受け入れテスト	打鍵する内容は総合テストと似ていますが、システム開発会社に委託した際などに納品検収するようなケースで実施することが多いです。
運用テスト	業務リリース後のシステム運用が問題なく動作するか、が観点。総合テストの一部として実施することが多いです。
外部接続テスト	外部接続先との接続テスト。結合テストの中で実施することが多いです。先方システムとの制約や状況にもよるため、テスト実施に苦労することもあります。
セキュリティテスト	セキュリティ観点でのテスト。実施内容に応じて、単体、結合、総合のいずれでも組み込む必要があります。
性能テスト	非機能要件で定義した性能が満たせているかを確認するテスト。また、アプリケーションがほぼ完成した状態での限界値を確認することもあります。単体、結合と早めの段階で確認できるものは実施するのがベストですが、バグ改修なども発生するため、最終的には総合テストでの実施が必要です。
障害テスト	主に、ハードウェアやネットワーク障害が発生した時の動作を確認するテスト。インフラだけでなく、アプリケーションの挙動も含めて確認が必要です。段階的に実施はできるものの、最終的には総合テストでの実施となることが多いです。

15

05 「リリース」とは

設計・開発・テストを経て、ついに業務で使う時が来ました。しかし利用者に「さあ使ってください」と言っても使い方が分かりません。システムもテスト実施用の状態では使えませんので、本番で使える状態にする必要があります。

業務利用を開始すること

　最終的には、業務利用の開始を「リリース」と言いますが、トラブル時のリスク分散のために段階リリースするようなケースもあります。そうした場合は「システム先行リリース」「業務リリース1」「業務リリース2」など、プロジェクトとして名称をつけていくことになります。

　業務で利用開始するためには、**大きくは「利用者が使えるように準備すること」「本番業務でシステムを使える状態にすること」の2点が必要**です。

　前者は「業務トレーニング」と言い、マニュアルの準備、利用者への教育、ヘルプデスクの準備などを行います。後者は、システムに本番データ（業務で利用する本物のデータ）の準備を行い、利用者が本番システムに接続して利用できる状態とすることが主となります。

利用者とのコミュニケーションが大切

　システムは、最終的には利用者のためにあります。どれだけ素晴らしいシステムを作っても、利用者に使ってもらえなければ全く意味がありません。また、どれだけ念入りにシステム設計やテストを行っても、業務とのミスマッチが発生している可能性はありますし、いざ使い始めてみると非機能要件が大きく誤っていたことが分かる可能性もあります。

　100点満点のシステムを作ることは至難の業です。しっかりと利用者とコミュニケーションを取り、一丸となってリリースに向かえるように対応していきましょう[7]。

[7) 利用者も人間です。何か問題が発生した際は、最終的には人間関係が決め手となります。システム開発というと無機質に感じるかもしれませんが、「結局は人ですよ」なのです。特にマネジメントをされる方は肝に銘じておきましょう。

● リリースまでのよくある流れ

```
┌─────────────────────────────────────────────┐
│            システム設計・開発・テスト            │
└─────────────────────────────────────────────┘
```

業務面の準備

業務トレーニング

・マニュアル作成

・利用者への説明・教育

・ヘルプデスクの準備・教育

・業務リリース後のお問い合わせ体制構築

システム面の準備

移行準備

・何をどのようにデータ移行するかを準備
内容によっては、システムツールなどの構築も必要で
あり、システム開発と並行して行うことも多い

・接続先の切り替えなど手順の準備

移行リハーサル

・リリース作業のリハーサルを行う

・内容によっては複数回実施する

```
┌─────────────────────────────────────────────┐
│            全ての準備が整ったら……              │
└─────────────────────────────────────────────┘
```

リリース作業

・本番稼働用のプログラム状態に変更

・現行データの最終状態を移動

・接続先の切り替え

・システム状態を最終確認

業務開始

・業務確認

・システム稼働確認

・問い合わせ対応

・トラブル対応

06 「保守・運用」とは

システム開発と言うと「リリースしたら終わり」とイメージしがちですが、実際は業務で使い始めてからが本番です。「保守・運用」期間の方が遥かに長いです。どのような対応をしているのかを見てみましょう。

システムを使い続けるための対応が「保守」と「運用」

業務利用が始まると、システムの保守・運用をし続ける必要があります。システムは放置すると、あっという間に使えないものとなります。システム開発よりも保守・運用の方がコストもかかる、と考えておいた方がよいでしょう。

保守・運用という言葉の整理・解釈も様々なのですが、**「保守」は利用者の要望や法定要件などに合わせてシステムを改修していくこと、「運用」はシステムを稼働し続けるために必要な対応を実施すること**、となります。

保守・運用まで考えてシステム設計すべき

なかなか難しいことではありますが、システム開発の設計時に保守・運用まで考えて設計できるのがベストです。ちょっとしたシステムの作りで、保守・運用の大変さ（＝対応に必要な活動ボリューム）が大きく変わることがあります。ある程度のシステム規模になると、体制の都合上、開発担当者と運用担当者が別になることが多いです。そのため、開発担当者からすると「それは運用でカバーしましょう」とある意味「問題先送り」の方法で終わらせることもあります。全体最適とならない方向にもなります。そうした問題を回避してシステムを作っていこう、という「DevOps」のような手法（概念）もあります。

様々な視点を持った上でシステム開発を行うに越したことはありません。ぜひ、視座を高く、システム設計を実施してください[8]。

※8）システム開発全体についてより深く知りたい方は、拙著『情シスの定石』（参考文献20）も参考にしてください。システムライフサイクルを軸にして、システム開発全体を説明しています。

⊃「保守」と「運用」の活動概要

保守

分類	活動概要
システム改修	・保守の実施方法の設計 ・保守に関する契約の締結 ・保守案件の管理 ・対応優先度の調整 ・システム設計〜リリース ・設計書のメンテナンス など

運用

分類	活動概要
イベント管理	・運行管理（日々のシステム処理や稼働監視、バックアップの実施など） ・問い合わせ管理 ・障害管理 ・カレンダー管理（特別なイベント日などの管理や対処の実施） ・システム改修案件リリース日程管理 ・関連システムのリリース・イベント日程管理 ・リソース変更管理（クラウドサービスの設定変更など） ・マスタ登録運用管理（部署情報といったマスタの管理など） など
システム管理	・IT資産管理（保有するハードウェアやソフトウェアのバージョンや保守期限などの管理） ・利用サービス管理 ・契約管理 ・リソース管理（システムの利用状況などの管理） ・アクセス管理 ・システム監査／SLA ・設備関連のファシリティ管理（電源やLANのようなケーブル管理や電力、空調、入退館管理など） など
障害対応	・システム障害発生時の検知や受付 ・原因確認、暫定処置 ・システム障害に伴う業務フォロー対応 ・根本的なシステム改修を実施するための、開発部隊への対応引き継ぎの実施 ・障害管理の情報更新 など

どの工程にどれくらい
リソース（工数）が必要なの？

　ウォーターフォールモデルによるシステム開発の進め方は本文で述べた通りです。では、それらの工程にどれくらいのリソースが必要なのでしょうか（どれくらいの人の活動量が必要なのでしょうか）。

　もちろん、システム開発の大小、新規 or 改修、体制、構築難易度など様々な要因で必要となる工数は変わります。そのため、あくまで目安となりますが、JUAS（一般社団法人　日本情報システム・ユーザー協会）が公開しているレポート「ソフトウェアメトリックス調査2020　システム開発・保守調査」[9]に実績集計がありましたので見てみましょう。

　同レポートに掲載されている2016年版データが工程が分かりやすいためこちらを掲載しますが、システム開発全体を100とすると、工数はおおよそ以下の比率になるとしています。

　　要件定義：10　設計：20　実装（開発）：40　テスト：30

　なお、「工数」という考え方には注意が必要です。1人が1ヶ月稼働する量を「1MM」（man month）といった表現をしますが、上記の割合はこのMMの合計比率となります。そのため、その工程にかかる「期間」の比率ではない点に注意してください。一般的に上流工程（要件定義）よりも下流工程（開発など）の方が、同時に並行して作業ができます。つまり、多くの人を投入することで、期間を短縮できるわけです（もちろん、限界はありますが……）。

　また、必要となる費用（コスト）の割合ではない点にも注意してください。こちらも一般的には上流工程の方がMMあたりの単価が高くなります。業務も分かりシステム設計もできる必要があるなど、高いスキルが求められることが多いことが理由の1つとして考えられるでしょう。

　ちなみに、人が増えれば増えるほどコミュニケーションコストは爆発的に増えていきます。その点もご留意ください。

※9）https://juas.or.jp/cms/media/2020/05/20swm_pr.pdf

CHAPTER **2**

「システム設計」とは

いよいよ「システム設計」の説明を始めます。本章で
は理解するのにとても大切な"本書におけるシステム
設計"の整理方法をお伝えするとともに、それらの概
要を説明します。また「なぜ設計書が必要なの?」と
いった"そもそも論"についても触れていきます。

07 本書における「システム設計」の整理方法

「システム設計」全体を分かりやすく説明するのは、実はかなり難しいです。いかに汎用的に、頭に入りやすい形で伝えるかを熟考した末のまとめかたを本Sectionで説明します。理解を深めるためにも、必ずご一読ください。

設計内容に焦点を当てる

　工程で言うと「外部設計」「内部設計」や「基本設計」「詳細設計」といった分け方をすることが多いですが、結局のところ、各現場によって整理の仕方が異なります。また、要件定義工程と言っても、現実的には何のシステム設計もせずに定義できるわけではなく、「これは要件定義でやるべきだよね」「いやいや外部設計の最初でしょ」など、議論が巻き起こるところです。

　「本書における工程」を定義して説明する、というのも一つの手法ではありますが、本書の本質である「システム設計ってどのようなものを設計するの？」という点を理解するために「工程」という要素は必要ないと考えました。初学者にとって混乱を招く要素でもあると感じます。

　工程を考えてしまうとややこしくなりますが、システム設計の本質・王道を考えた時に、設計すべきことが変わるわけではありません。そのため、**本書では「工程」は意識せずに、シンプルに「設計する内容」を説明する形をとります。また、イメージしやすいように「設計分類」という形で整理しました**（設計分類については後述）。

工程によって担当を分けることが多い

　もう少しだけ工程の話です。規模の大きなシステムとなると、現実的には多くの人が関わって構築します。そのため役割分担をして対応するわけですが、そうした分担や契約形態によっても自身が設計すべき範囲や内容が変わってきます。円滑に進めるために、マネジメント的な要素も色濃く出てきます。実務上はシステム設計以外の様々な要素が必要となるということを認識してください。

　システム開発を担当するのは事業会社の情報システム部門であることが多

いですが、部分的にシステム開発会社に外注もするでしょう。ウォーターフォールモデルにおけるシステム開発のよくあるパターンを以下に示します。「準委任契約」と「請負契約」の違いについては、「請負契約と準委任契約（IT法務.com）」（https://www.it-houmu.com/archives/1459）などを参照してください。

● 本書における、工程とシステム設計の関係

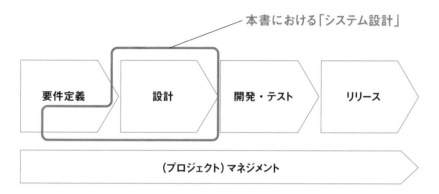

本書における「システム設計」

● 工程ごとの分担と契約形態

工程	外注先との よくある契約形態	発注側の役割 （事業会社）	受注側の役割 （システム開発会社）
プロジェクト計画	準委任契約	業務目線でのプロジェクト実施内容やスケジュールの妥当性を決める。	システム開発者目線でのプロジェクト実施内容やスケジュールの妥当性をアドバイスする。
要件定義	準委任契約	業務要件定義を行う。 業務的な課題を解決する。	要件を満たすためのシステム設計案やより適したシステムの提案を行う。
設計	請負契約	要件が実現できているかを確認する。 業務的な課題を解決する。	システム設計を行う。 システム的な課題を解決する。
開発・テスト	請負契約	システム品質が満たせているかを確認する。 受入（システム納品）の確認を行う。	開発、および設計通りに稼働するかのテストを行う。
リリース	準委任契約	業務利用開始に向けた準備、実施を行う。	システム的な準備を行う。

そもそも「システム設計」とは何を設計するの？

　少し話は変わりますが、そもそもシステムを稼働させるには何が必要となるでしょうか。それはハードウェアとソフトウェアです。そして「**自分たちのシステムを設計する**」というのは、**ハードウェアを思うように操作するソフトウェアを作るということ**です。

　しかし、ハードウェアを操作するためのプログラムを一から作るというのはとても現実的ではありません。指示の仕方が分からないということもありますし、そのハードウェアを使う人が皆同じプログラムを作るのはあまりに非効率です。ソフトウェアに関しても同じです。例えば、データを不整合なく保存したい、といったことは世の中の共通的な要件です。

　そうした、世の中に必要となる共通的な要件を簡単に実現するために、プログラミング言語、ＯＳ、ミドルウェアなどが作られました。**システム設計とは、要件を実現するために「適切にそれら（プロダクト）を選び」、それらを操作するために準備された仕組みを利用して「どのように設定すればうまくいくのか」を考えるもの**なのです。

システム設計の基本となる流れ

　システム設計の基本となる流れは「**大きな視点の設計**」→「**共通的な部分の設計**」→「**個々の設計**」の順番で進めていきます。「個々の設計」においても、概念的・論理的な設計からプログラミングできる具体的なレベルへと、大きな視点から具体的な内容に落としこむ流れとなります。

　ただし理想はそうなのですが、現実的には100点満点の設計ができることはまずありません。個々の設計をしている中で大きな視点に影響するような問題も発生します。そもそも大きな視点を設計するためにはシステムへの深い知見や（業務面も含む）センスなどが求められるため、設計そのものの難易度が高く、設計を進めていく中で失敗に気がつくこともあります。ビジネスあってのシステムですので、ビジネス面における状況の変化で要件、予算、スケジュールなどが変わることもあります。

　システム設計は大きくは上述の流れで進めますが、それぞれの設計は、相互作用しながら何度もブラッシュアップしていくものと理解してください。

● システム設計はハードウェアのコントロールの仕方を考えるもの

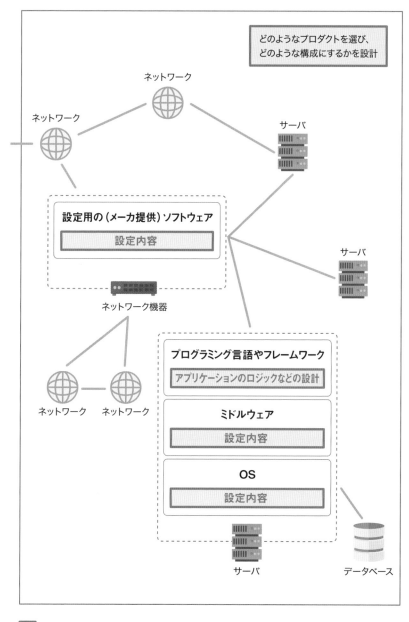

を設計する

「設計分類」の軸で解説する

　さて結局のところ、どのような設計をすればよいのでしょうか。例えば、採用するミドルウェアによって設計すべき内容は変わりそうです。そこで本書では、本書で対象とするシステム（Section 01を参照）を構築するために必要となる**普遍的な要素**を**「設計分類」として整理しました**。どのようなハードウェア、ＯＳ、ミドルウェアを選択しようとも、つまるところこれらの要素を設計する必要があります。

　まず、大きくは「アプリ」と「インフラ」に分けることができます。アプリはいわゆるソフトウェアの設計であり、分類としては「入出力設計」「データベース設計」「ロジック設計」に分けられます。インフラはアプリを動かす土台であり、「ネットワーク設計」「サーバ設計」に分けられます[※1]。

　もちろん、これらの設計は相互に影響を与えます。例えば、処理性能が必要な要件がある場合、ロジックの工夫で高速化することもあれば、サーバを多数用意して力技で対処することもあります。要件を実現する方法は１つではないのです。しかし、そうしたことをバラバラに設計していては、過剰な実装となったり、全体として要件が満たせない状態になりえます。そのため、まずは全体としてどのような構成にするのか、その方針や考え方、機能の配置の仕方、各設計を作っていくためのルールといった「全体設計」を行います。

　本書では**この「全体設計」「入出力設計」「データベース設計」「ロジック設計」「ネットワーク設計」「サーバ設計」の単位で章を分けて、説明します。**

設計書の種類は今後も増えていく

　設計書は、要するに「採用したプロダクトを操作するための内容」を書いたものです。そのため、個別の具体的な設計書（の種類）自体は、新たなプロダクトや技法が生み出されるとともに増えていくことになります。

　しかしそれらが実現したい本質は、上述の設計分類のどれかに該当するものだ、と理解してください。

※1) 「アプリ」と「インフラ」の設計はかなり毛色が違うことから、明確に体制が分かれることが多いです。

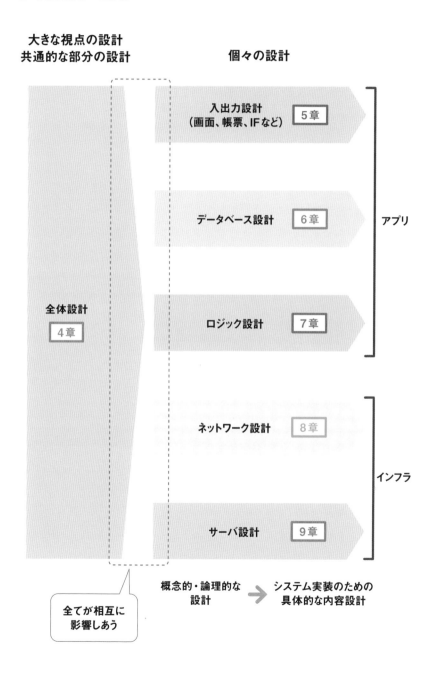

●「設計分類」の全体像

大きな視点の設計
共通的な部分の設計

個々の設計

入出力設計
（画面、帳票、IFなど）　5章

データベース設計　6章

全体設計
4章

ロジック設計　7章

アプリ

ネットワーク設計　8章

サーバ設計　9章

インフラ

全てが相互に
影響しあう

概念的・論理的な
設計　→　システム実装のための
具体的な内容設計

2
「システム設計」とは

08 設計書を作成する理由

システム設計の内容を見ていく前に、そもそもなぜ設計書を作る必要があるのかについても考えてみましょう。極端な話、設計書を作らずによいシステムが作れるのであれば、その方が楽なわけです。

◉ システムの品質を高めるため

　設計書という見えるものがないと、何を設計すべきなのか、そこに考慮不足はないのか、全体の整合性は合っているのかなど、まったく判断がつきません。また、設計書はテストケースを作る時にも使います。何をもって想定通り動作しますと言えるのでしょうか。つまるところ、設計書がないと品質の悪いシステムが出来上がることになります[※2]。

◉ 関係者で内容を共有し、分担できるようにするため

　設計書があれば、要件定義者、システム開発者、利用者（ユーザ）など、関係者と内容を共有し、認識を合わせることができます。システムが出来上がってから「全然違います」となると、とても困ったことになるわけです。
　また、実施すべきことが設計書として見えることで、分担して活動を進めていくことができます。

◉ 保守・運用に設計内容を引き継ぐため

　システムリリース後も、システムは保守・運用していく必要があります。システムを開発した人間が、未来永劫そのシステムの保守・運用をしていくことは現実的には少ないでしょう。そうなると引き継ぎを行う必要がありますが、設計書がないと何をどう説明すればよいのでしょうか。動いているシステムだけを渡されても、設計の意図を汲み取ることもできず、何をすればよいのか全く分からないでしょう。

※2）設計品質をさらに高める仕掛けの例として「設計書の目的を明確にする」「要件の設計漏れ防止のため各設計書を同じ管理通番で結びつける（トレーサビリティを持たせる）」「仕様変更に強い設計をする」などがあります。

設計書の役割

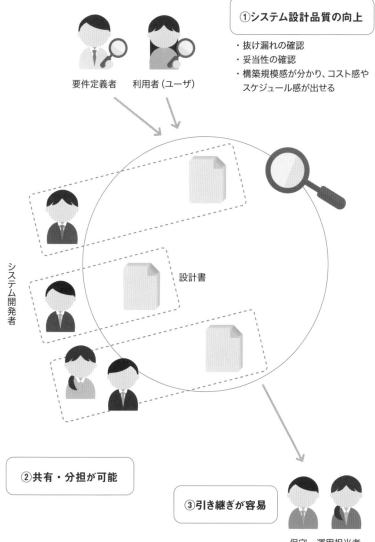

①システム設計品質の向上

・抜け漏れの確認
・妥当性の確認
・構築規模感が分かり、コスト感や
　スケジュール感が出せる

要件定義者　利用者（ユーザ）

システム開発者

設計書

②共有・分担が可能

③引き継ぎが容易

保守・運用担当者

ただし、使う用途のない（薄い）、不必要な設計書を作る必要はない。
何のために設計書を作るのかを常に意識しましょう。

09 設計書の種類

本書では「設計分類」以外に、もう一つの区分けを用意しました。それは「設計書の種類（以降、設計種類）」です。それぞれの設計書自体にも、説明したい内容のパターンがあります。頭の整理にお使いください。

なぜその設計書が必要かを考える

設計書を作成するからには、何かしらの目的があるわけです。目的が分かっていれば、なぜその設計書を作る必要があるのか、その設計書で書くべき内容が何なのかが理解しやすくなります。

逆に、目的のない（目的のよく分からない）設計書は、何のために必要なのかが曖昧ですし、他の設計書と重複した内容が多くなりがちとなり、極論、作るだけ無駄なドキュメントに成り果てます。

そうした事態を避け、頭を整理しやすくするために「設計種類」を用意しました。あくまで設計書を作成するための補助的なものですので、必ず設計種類を決めなければいけない、といったものではありません。

3種類に整理する

本書では「**管理系**」「**俯瞰系**」「**個別系**」の**3種類に整理**しました[3]。

管理系は、何があるのかを管理するためのもの。例えば画面一覧やテーブル一覧などですね。

俯瞰系は、主に全体像を表現したい時に作ります。システム全体像（アーキテクチャ）や、ネットワーク全体構成図のようなものがイメージしやすいでしょう。

個別系は、管理系・俯瞰系以外のもの全て、となります。処理ロジックそのものや、画面レイアウト、テーブルレイアウトといったものが該当します。

---

[3] プロジェクトマネジメントまで視野に入れると「〇〇計画書」といったドキュメントもありますが、本書ではマネジメント系は除外して説明しています。

●「設計種類」とその設計書イメージ（サンプル）

設計種類	設計書例	設計書イメージ
管理系	・画面一覧 ・テーブル一覧 ・プログラム一覧	**画面一覧** | 画面ID	画面名	画面プログラム
A-1500	注文画面	a1500.jsp
A-1600	注文確認画面	a1600.jsp
A-2100	決済完了画面	a2100.jsp
B-0010	アカウント情報画面	b0010.jsp	
俯瞰系	・システムアーキテクチャ 　設計 ・バッチ全体設計 ・ネットワーク全体構成図 　（論理構成）	**システムアーキテクチャ設計**
個別系	・画面レイアウト ・テーブルレイアウト ・サーバ設定仕様書	**画面レイアウト**

31

10 「全体設計」の概要

ここからはそれぞれの「設計分類」の概要を解説していきます。まずは、全体の良し悪しを決めると言っても過言ではない「全体設計」について説明します。ここのデキが、保守・運用を含めたシステムとしての成否を決めます。

 全体設計はアプリ・インフラ全ての設計の土台となる

　全体設計では、**その他の設計分類において個々の設計ができるように（システムにおける）役割分担や設計方針・ルールを決めます。**

　まずはそもそもシステムをどのような技術要素で作るのか、どのような構成としていくのか、といった「システムアーキテクチャ」を決める必要があります。対象はもちろんアプリ・インフラの双方となります。その後は、ここで選定したプロダクトに対して適合する設計ルールや必要となる大きな視点での方式設計を行います。

 採用した内容により、設計内容も様々

　全体設計で実施すべき観点はある程度のパターンがありますが、その中身（設計の内容そのもの）はシステムアーキテクチャで選定したプロダクトによって大きく変わります。例えば、システム開発を行うためのツールを「開発フレームワーク」と呼びますが、フレームワーク自身にも開発するうえでの様々なルールがあります。採用するフレームワークによって、決めるべきルールが変わる（＝設計内容が異なる）というわけです。

　また、システム規模によっても変わります。これは大規模システムになればなるほど多く・細かくなっていきます[4]。そうしないと、多くの人数で統一した設計ができないためです。また、設計が進んだ後で不備が発生した時の手戻り（設計のやり直し）のボリュームを考えると、できるだけ最初に適切な内容を決めておくに越したことはないのです。

※4）小規模システムではルールが不要というわけではありませんが、ルール設計を実施したことによるメリットと費用対効果を考えると、手厚くは実施しないのが実状です。

● 全体設計の流れ

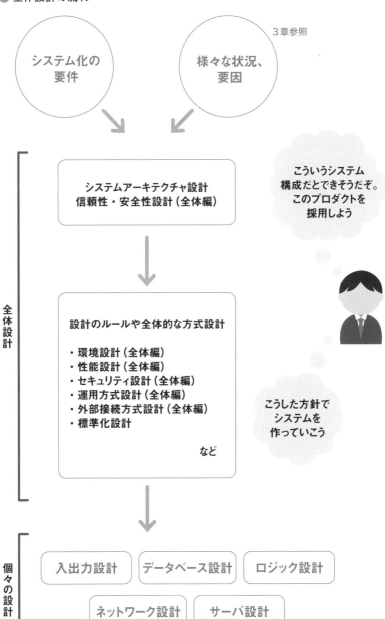

システム化の
要件

様々な状況、
要因

3章参照

システムアーキテクチャ設計
信頼性・安全性設計（全体編）

こういうシステム
構成だとできそうだぞ。
このプロダクトを
採用しよう

設計のルールや全体的な方式設計

・環境設計（全体編）
・性能設計（全体編）
・セキュリティ設計（全体編）
・運用方式設計（全体編）
・外部接続方式設計（全体編）
・標準化設計

など

こうした方針で
システムを
作っていこう

全体設計

個々の設計

入出力設計　　データベース設計　　ロジック設計

ネットワーク設計　　サーバ設計

11 「入出力設計」の概要

システムが実施したいことは、つまるところ「何かのインプットがあり、何かを
アウトプットする」ということです。画面、帳票、ファイルなど、様々な形があ
りますが、そうした細かい設計を行うのが「入出力設計」です。

入出力がないシステムはない

　システムはコンピュータを使います。コンピュータとは電子計算機のこと。
計算機は、何かをインプットしてアウトプットしてもらうために使うもので
す。と、当たり前のことではありますが、システムにはインプットとアウト
プット、つまり入出力機能がつきものなのです。

　**システムの入出力は、「人に向けたもの」「システムに向けたもの」の2種
類があります**[5]。画面や帳票は、人に向けたものと言えるでしょう。システ
ム間でデータ連携するための（データ）ファイルは、システムに向けたもの
と言えるでしょう。

入出力設計は目に触れる部分を設計

　様々な計算＝処理を行うプログラムに対して、どのような形で入力すれば
よいのか。または、どのような形で出力すればよいのか。そうした入出力に
関する設計を行うのが入出力設計となります。

　画面レイアウト、帳票レイアウト、ファイルインターフェースレイアウト
などが該当します。

　画面レイアウトの場合なら、たとえば、どのような値が入力できるのか。
入力の仕方はどのように行うのか。フリーフォーマットなのか、プルダウン
なのか、チェックボックスなのか。とある項目で「その他」を選んだ場合の
み入力できるようにする、などといった内容を具体的に設計していきます。

[5) もちろん、両方の目的に使うケースもあります。例えばCSVファイルの出力であれば、
　　人が使うこともありますし、別システムの入力に使う場合もあります。

➡ 入出力の設計例

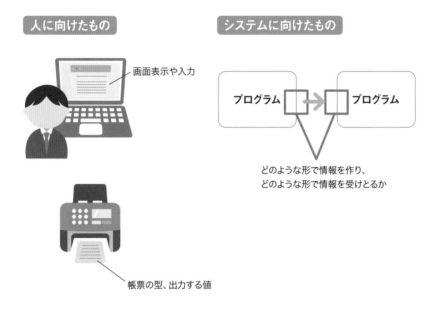

人に向けたもの	システムに向けたもの

画面表示や入力

プログラム ➡ プログラム

どのような形で情報を作り、
どのような形で情報を受けとるか

帳票の型、出力する値

➡ 画面レイアウトの設計例

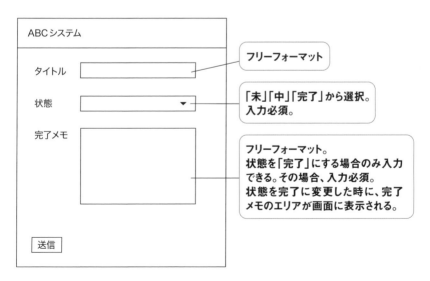

ABCシステム

タイトル　[　　　　　　]　——　フリーフォーマット

状態　[　　　　　▼]　——　「未」「中」「完了」から選択。
入力必須。

完了メモ　[　　　　]　——　フリーフォーマット。
状態を「完了」にする場合のみ入力
できる。その場合、入力必須。
状態を完了に変更した時に、完了
メモのエリアが画面に表示される。

[送信]

本Sectionの説明上、画面イメージの右側に「入力必須」などを記載しています。実務的には設計に抜け漏れがないように、設計すべき要素は表形式で埋めるような設計書となるように、設計書の雛型を作ることが多いです。

12 「データベース設計」の概要

システム設計（特にアプリにおいて）の肝とも言えるのがデータベース設計です。当設計の品質次第で、プログラミング難易度、性能面から保守・運用まで、ありとあらゆる面に影響が発生します。

◉ システムへの保存方法を設計

　前Section「入出力設計」では、システムはインプットがあってアウトプットするものと述べましたが、処理を行うタイミングで毎回インプットを準備するのは非効率すぎます。例えば100万件ある住所情報の一覧表を出力するために、毎回画面から100万件入力するわけにはいかないでしょう。同じ入力が繰り返し必要であれば、それこそコンピュータの意味がありませんよね。

　そうならないためには、コンピュータのどこかにその100万件を保存しておき、必要な時に使えばよいわけです。**データをどのように保存するか。それを行うのがデータベース設計です**[※6]。

◉ RDB と NoSQL

　保存形式は大きく2種類あります。それは「リレーショナルデータベース（ＲＤＢ）」と「ＮｏＳＱＬ」です。まずはこれらの特性を理解し、どちらを採用するのかを選択する必要があります。そして、それぞれの作り方に合わせたデータの配置方法を設計していきます。

　データをどのように配置するかによって、アプリケーションの作りやすさ、性能、今後の業務要望への対応のしやすさなどが大きく変わります。データベース設計は、業務への深い理解が必要となる設計なのです。

　なお、データベース設計と書くとデータベースだけの話に思えますが、本書ではただのテキストファイルなどシステムに保存しておくものは全てデータベース設計に含めます。

※6) データベースへの入出力設計なので「入出力設計」では？　とも考えられますが、あまりに大きな設計要素ですので「データベース設計」として整理しています。

● どのようにデータを保存するかを設計

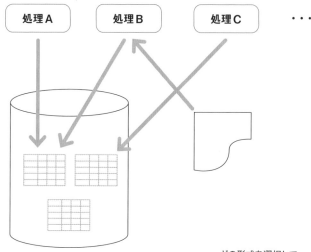

どの形式を選択して、
どのように保存するかを設計する

● ＲＤＢとＮｏＳＱＬの主な違い

ポイント	リレーショナルデータベース （RDB）	NoSQL （Not Only SQL、RDB以外を指す）
主な強み	不整合なくデータを管理でき、高度な検索にも強い。	大容量データの取り扱いに強く、構造化できないデータも取り扱える。拡張性が高い。
主な弱み	拡張性が低く、大容量データになると遅い。データを構造化する必要がある。	データの整合性が保証されない。高度な検索が難しい。
データ構造	行・列の二次元表。	様々な形式がある。キーバリュー型、ワイドカラムストア型、ドキュメント型、グラフ型など。
製品例	MySQL、PostgreSQL、Oracle Database など。	Amazon DynamoDB、Big Table、Mongo DB、Neo4j など。
利用例	業務データ全般（ＥＣサイトや金融など、不整合があってはならないケースでは必須）。	データ分析用のデータ、生体認証のような非構造データ、大量だが時系列順に登録すればよいログ系のデータ。
補足	伝統的なデータ管理方法であり、大きな問題がない限りは採用することが多い。	RDBに比べると比較的新しい方式。RDBの不得意な点を解消すべく、多彩な形式がある。

13 「ロジック設計」の概要

入出力をどのような形とするか。どのような形で保存するか。それらは設計してきましたが、どのような処理をしてそこにつなぐかがまだ設計できていません。その処理方法を決めるのがロジック設計です。

どのような構成でプログラムを作成するか

いきなり処理を書きたくなるかもしれませんが、その前にすべきことがあります。それは「どのような構成でプログラムを作成するか」ということです。単純な処理を1つ作るだけであれば不要かもしれませんが、システムは多くのプログラムで成り立ちます。どのような単位で分けてプログラミングをするのか。何度も同じ処理を行うものは共通部品として作成するのか[7]。**どの範囲をそのプログラムで処理するのかを決めて、個々のプログラム処理の内容を設計していきます。**

全体設計のシステムアーキテクチャ設計にて枠組みの考え方は設計しますが、ここではその枠組みの具体的内容を設計していきます。

オンラインとバッチ

枠組みとは別にロジック設計に大きな影響を与える観点があります。それは、その場で処理を完結させるオンライン形式なのか、特定のタイミングで実行するバッチ形式なのか、です。オンラインは処理の指示をしたらその場で実行して完結するタイプで、大量データの処理には向いていません。バッチは、例えば1ヶ月分の集計表の作成、会員データの住所一括更新（例えば、市町村合併で住所が変わる場合）など、どこかのタイミングで一気に処理をするようなケースに向いています。

その他、同期処理と非同期処理といった、実装方法や考慮ポイントが異なるような要素もあります。

※7） 分かりやすい例は、カレンダールーチンです。とある日が祝日かどうかを確認する機能は様々なプログラムで必要となります。1つの部品として作成し、祝日を確認した時はこの共通部品を使うわけですね。

● 具体的な分け方を決めて、それぞれの処理内容を設計する（例）

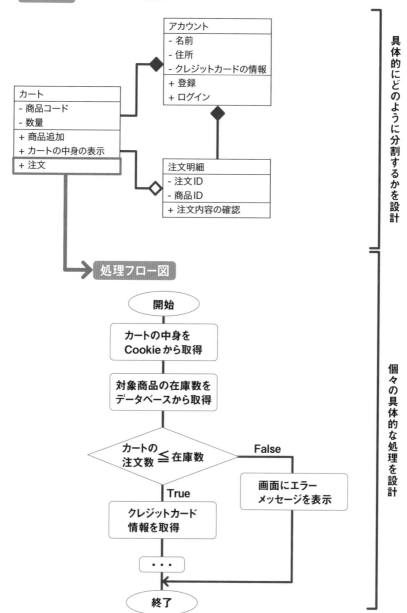

クラス図 オブジェクトの設計図

アカウント
- 名前
- 住所
- クレジットカードの情報
+ 登録
+ ログイン

カート
- 商品コード
- 数量
+ 商品追加
+ カートの中身の表示
+ 注文

注文明細
- 注文ID
- 商品ID
+ 注文内容の確認

処理フロー図

開始

カートの中身を
Cookieから取得

対象商品の在庫数を
データベースから取得

カートの
注文数 ≦ 在庫数 ── False

True

クレジットカード
情報を取得

画面にエラー
メッセージを表示

・・・

終了

具体的にどのように分割するかを設計

個々の具体的な処理を設計

39

14 「ネットワーク設計」の概要

各コンピュータをつなぐ土管。それがネットワークです。つなぎ方、その太さ（帯域）、故障した時の迂回方法……安定稼働させるには、相応の設計が必要です。さらに、後から変更するのは他設計への影響範囲が大きくなってしまう設計です。

◉ どのような土管を作るかがネットワーク設計

　サーバとクライアント（端末）をつなぐ土管。それがネットワークです。端末内のアプリケーションのみで完結するのであればいざ知らず、情報共有が必要な業務システムにおいてはネットワークなしに成り立つシステムはないでしょう。

　ネットワーク設計においても、まずは全体構成を設計し、個々の部位を設計していく流れとなります。

◉ 非機能要件に大きく影響を受ける

　ただ通信するだけであれば、実はそこまで難しくありません。普段使っているＰＣやスマホをネットワークに接続するのはそんなに難しいことではないですよね。また、技術的にも（よほど特殊な要件がなければ）「TCP/IP」と呼ばれる仕組みを利用することでほぼ決まりです。

　しかし、非機能要件によっては設計が必要なボリュームが大きく増加します。むしろ、**ネットワーク設計は非機能要件次第でとんでもなく大変になると言っても過言ではありません。**

　非機能要件、特に「可用性」「性能・拡張性」「運用・保守性」「セキュリティ」に大きく影響を受けます。例えばセキュリティで言えば、インターネットに接続するかどうかで大きな違いが発生します。最近は「ゼロトラスト[8]」と呼ばれる考え方も台頭しており、どのような考え方を元に設計するかで、何を設計する必要があるかが変わってきます。

※8）社内・社外を区別することなく、「接続者を信頼せずに常に安全性を確認せよ」という考え方です。信頼＝トラストを、しない＝ゼロ、ということでゼロトラストと呼ばれます。

⮚ ネットワーク設計のイメージ

ネットワーク全体構成図（論理構成）

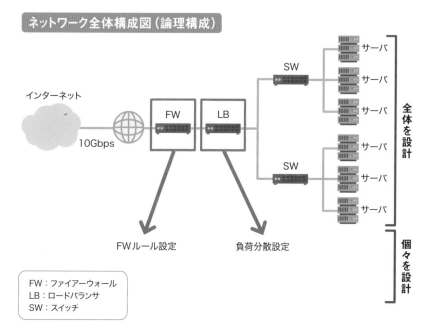

FW：ファイアーウォール
LB：ロードバランサ
SW：スイッチ

⮚ ネットワーク設計に影響する非機能要件

非機能要件	要件（例）	対策（例）
可用性	機器故障時もシステムが継続利用できること。	ネットワーク機器故障時に備え、機器（例えばルータ）の二重化を行う。二重化に伴い、機器障害時の検知方法や自動での経路切り替え、復旧後の切り戻しといった設計を行う。
性能・拡張性	サーバ1台では業務量を処理できないため、スケールアウト構成（同じ処理ができるサーバを複数台用意）が実現できるようにすること。	ロードバランサ（処理リクエストを受け取り、処理を行うサーバに振り分ける機能）を導入する。
運用・保守性	システム全体として24時間365日稼働し続けられるようにすること。	ネットワーク機器のメンテナンス時間がとれるように、機器を冗長構成にする。
セキュリティ	Webサイトへの悪意のあるリクエスト（アプリケーションのバグをつき、データベースの情報を不正に取得する、など）をすぐにブロックできること。	WAF（Web Application Firewall）を導入し、怪しいリクエストを検知・ブロックできるように設定する。

15 「サーバ設計」の概要

アプリケーションを動かすための環境、それがサーバです。OSだけでなく、データベース製品やWebサーバといった利用するプロダクトのインストールや設定、障害時のハードウェア設定なども必要になります。

💿 アプリケーションを動かす環境を整備

オンプレミス（自社で全てを準備）であれば、ハードウェアの選定・調達から設置を行い、サーバにプロダクトをインストールしていきます。OSもそうですし、データベース製品、プログラミング言語、ツール群など、要件によって様々です[9]。そして、**それらプロダクトに対して適切な設定を行い、アプリケーションの開発・稼働ができる環境を作り上げます。**

クラウド利用の場合は、スペックやプロダクト選定・設定など、調達以外の部分を実施することとなります（クラウドによってできることに差異あり）。

💿 構築する「環境」にも意識が必要

オンプレミスであれクラウドであれ、サーバ（やネットワーク）は最終的には物理的なモノとなります。そのため、本番環境（業務で利用する環境）以外にも、開発やテストを行う環境は必要ですし、性能測定を実施する環境、業務利用に向けた訓練を実施する環境が必要になることもあります。これらは本番環境と同内容であれば設計もそのままでよいかもしれませんが、主にコスト面が理由で同じ環境を構築できません。いかにして各環境に対する要件を満たしつつ、コストを下げていくことができるかが設計の腕の見せどころとなります。

アプリケーションは稼働させるモード（本番用、開発用など）を変更する程度であることが多いですが、サーバ（ネットワークも含む）は環境の数だけ構築する必要があります。

※9）本書では、ネットワーク以外の構築物をサーバ設計と位置づけています。例えば、保存領域（ストレージ）であるNASやSANの構築などもサーバ設計に含みます。

サーバ設計のイメージ

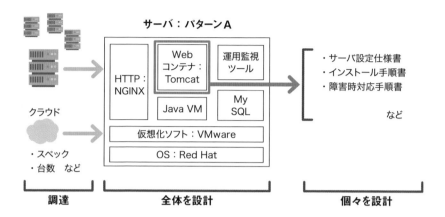

サーバ：パターンA

HTTP：NGINX
Webコンテナ：Tomcat
運用監視ツール
Java VM
My SQL
仮想化ソフト：VMware
OS：Red Hat

クラウド
・スペック
・台数　など

・サーバ設定仕様書
・インストール手順書
・障害時対応手順書

など

調達　　　　　全体を設計　　　　　個々を設計

各環境によって設定が異なる（例）

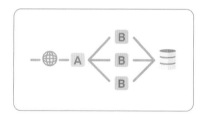

本番環境
・フルスペック
・全ての機器を二重化

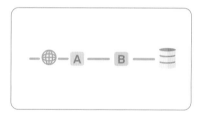

業務訓練環境
・サーバを最低限の数にするが、
　アプリケーションは一式稼働できるようにする

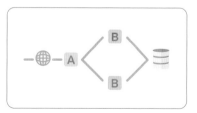

性能確認環境
・アプリケーションの性能を確認する環境
・各サーバのスペックは本番同等。
　ただし、スケールアウト部分はミニマム（2台）とする

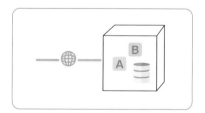

開発、テスト環境
・全ての機能を1台でまかなう
・当セットを、開発チーム数分用意し、
　それぞれに必要な設定のみをセットする

システム設計は広く、深い

　システム設計として「全体設計」「入出力設計」「データベース設計」「ロジック設計」「ネットワーク設計」「サーバ設計」を説明してきました。システム規模の大小はあれど、これらの設計なしにはまともなシステム構築はできません。システム設計を全く知らない方の中には、ここまで多彩な設計が必要であることに驚かれた方も多いのではないでしょうか。

　システムエンジニアの国家試験として有名なものが、ＩＰＡ（独立行政法人 情報処理推進機構）が実施する「情報処理技術者試験」です。時代とともに見直しはありますが、２０２３年春時点では、１３の区分に分かれています。その中でも、特に「システム設計をする人」に向けた区分は次のようになります。

　「基本情報技術者試験」「応用情報技術者試験」は、システム設計全般に関する知識が問われます。筆者も最初は「基本情報技術者試験」から受験しましたが、一番苦労した記憶があります。それくらい、幅広い知識が必要となります。

　これらの土台の上に、それぞれのスペシャリストとしての試験があります。「システムアーキテクト試験」「データベーススペシャリスト試験」「ネットワークスペシャリスト試験」「情報処理安全確保支援士試験」が「システム設計をする人」に該当する区分と言えるでしょう。

　システム設計とひとくくりにしても、実際にはこのように毛色の違う区分があり、それぞれで専門家が必要と言える深さがあります。システム設計とは、そのような世界なのです。そのため、当然ではありますが、システムを一人で作り上げていくことは困難です。多くの専門家が力を合わせてシステム設計を行っていく必要があるのです。

　そしてこれらをマネジメントし、関係者との窓口にもなりシステム開発を成功に導くのが「プロジェクトマネージャ」です。システムの知識は当然のことながら、業務知識やコミュニケーションスキルが必要なポジションです。

CHAPTER 3

⚙

「システム設計」に
影響する考え

システム設計の内容に入る前に、もう少しだけお付き合いください。何を設計する必要があるかは、様々な考え方や利用プロダクトなどに大きく影響されます。本章ではそのような代表的な「影響する考え」を説明します。

16 ソフトウェア設計モデル

インフラはアプリケーションを動作させるために作ります。つまりどのようにアプリケーションを作るかによって、インフラの形も変わってきます。そしてもちろん、アプリの設計自体もソフトウェア設計モデルにより大きく変わってきます。

 ## ソフトウェア設計モデルとは？

ソフトウェア設計モデルは、各モデルの対象とする範囲やレベル感がマチマチであるため、列挙するのはやや難しいものがあります。しかし、**どのようなモデルを採用するかで、どの「フレームワーク」（Section 17で説明）を採用するかがある程度絞られます。** フレームワークは、ソフトウェア設計モデルを実現するために作られたものが多いためです[※1]。

 ## MVCモデル

Model（データを定義する担当）、View（見た目を担当）、Controller（ViewとModelをつなぐ担当）の3つに分けて（プログラム機能を）作る手法です。それぞれの役割をはっきりさせることで設計が分担しやすくなり、メンテナンス性も高めることができます。例としてはLaravel（言語：PHP）、Ruby on Rails（言語：Ruby）、Spring MVC（言語：Java）などがあります。

 ## マイクロサービスアーキテクチャ

昨今よく取り上げられるアーキテクチャです。「サービス」（システムが提供する機能とイメージしてください）単位で独立して動作するように設計する手法です。各サービス連携は疎結合となるようにすることで、サービス内に閉じた改修をしやすくし、開発〜リリースのスピードを上げることを狙います。半面、各サービスをどのように分けるか、どのような仕組みで疎結合を実現するか、など設計難易度が高いアーキテクチャです。

※1) フレームワークではなくライブラリであるケースもありますが、ここではそうした点はさておき「とある考え方に基づいて作られたツールがあり、ツールに準じた設計が必要になる」と理解してください。

ソフトウェア設計モデルの効果

何も考えがないと……

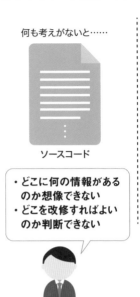

ソースコード

・どこに何の情報がある
のか想像できない
・どこを改修すればよい
のか判断できない

ソフトウェア設計モデルがあると……

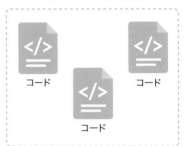

コード

コード

コード

・○○は△△にまとめて書きましょうね、
などのルールができ、左記の問題点を解
決できる

・有名なソフトウェア設計モデルは世界中
で実績があるため、フレームワークに従
うことで品質の高いシステムが構築しや
すい

MVC モデルの分割イメージ

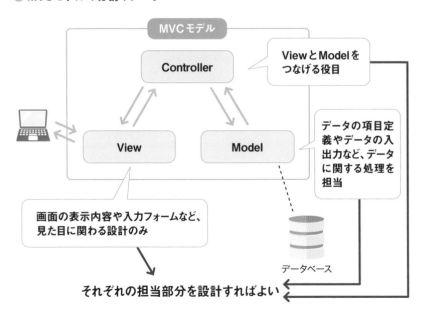

MVC モデル

Controller

ViewとModelを
つなげる役目

View

Model

データの項目定
義やデータの入
出力など、データ
に関する処理を
担当

画面の表示内容や入力フォームなど、
見た目に関わる設計のみ

データベース

それぞれの担当部分を設計すればよい

17 フレームワーク

アプリケーションの開発を効率良く、高品質にするためにフレームワークは作られました。その半面、フレームワークの流儀に準ずる必要があり、設計もその内容に合わせていく必要があります。

 フレームワークとは？

　細かいことを抜きにして一言で言うと「**システムを効率よく開発するためのソフトウェア**」とイメージしてください。例えばWebシステムを作ろうとした時に、必要となる基本的な処理はある程度パターン化されます。画面を作り、そこには入力フォームがあり、送信したら入力値のチェックを行い、問題なければデータベースに保存する。そして、指定した画面に遷移し、特定のメッセージを出す。これらをフレームワークを使わずに作ろうとすると、全ての処理を書く必要があります。フレームワークを使うことでこうした決まったパターンをほんの数行で実現することができるのです。フレームワーク内に処理が内包されているため、例えば「入力値が日付の形式であること」を確認するのに、わざわざ処理ロジックを書かなくてもよくなるのです[※2]。

 フレームワークの選択による設計への影響

　このように便利なフレームワークですが、フレームワークの流儀に従って設計をする必要があります。何を設計する必要があるか、どのように組み込んでいけばよいかは、選択したフレームワークに大きく左右されます。

　なお、現実的にはフレームワークの選択は機能の良し悪しだけでは決められません。利用するには、そのフレームワークについて設計者・開発者が理解している必要があります。フレームワークによってその難易度が異なる（学習コストと言います）ため、そうした状況やフレームワーク自体の将来性なども加味して判断する必要があるのです。

※2) フレームワークの役割はもっと大きいものですが、ここでは分かりやすく楽ができそうだなという例を挙げてみました。

➡ フレームワークの利用イメージ

フレームワークを使わない場合

・1つずつ処理を作っていく必要がある

①入力ページ
表示

表示するページを作成する処理を記述。
入力フォームなども、1つずつHTML（ブラウザに
表示する言語）で記述。

②更新

送信を押したら、各項目の値を取得して各項目値
の妥当性をチェックする機能を記述。
問題なければ、データベースに接続する処理を書
き、SQL（データベースへの命令）を書き、データ
ベースへの処理結果を受けて、それによって処理
を分岐させて……

フレームワークを使う場合

・処理の記述は最低限でよい
・大規模開発（画面が大量にあるなど）になるほど効力を発揮

（例）Ruby on Rails のイメージ

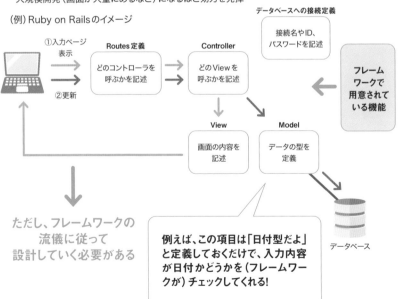

①入力ページ
表示

②更新

Routes 定義
どのコントローラを
呼ぶかを記述

Controller
どのViewを
呼ぶかを記述

View
画面の内容を
記述

Model
データの型を
定義

データベースへの接続定義
接続名やID、
パスワードを記述

フレームワークで用意されている機能

データベース

ただし、フレームワークの
流儀に従って
設計していく必要がある

例えば、この項目は「日付型だよ」
と定義しておくだけで、入力内容
が日付かどうかを（フレームワー
クが）チェックしてくれる！

18 社外要因・社内要因

要件を満たすようにシステム設計を実施していく。真っ当ではありますが、そうは問屋が卸さないことが沢山あります。むしろ、ビジネス活動をしていて影響を受けないことはないでしょう。そうした要因を紹介します。

横ヤリのないシステム設計は、まずない

要件を満たせるようにシステム設計を行うわけですが、**実務的には要件のみを考えて設計できることはほぼないということをまずは認識してください。**

例えば、当然ですが、システムにかけられる費用には上限があります。いくらその要件に対してはこの設計がベストだ、というものがあったとしても、費用がかかりすぎるという理由で採用できないことはよくあります。高性能なサーバを導入したら解決します、と言っても、簡単に買えないであろうことは容易に想像がつくのではないでしょうか。

他にも、社内にシステム化への抵抗勢力がいて、あるべき姿の設計での承認が通らずねじ曲げないといけないようなケースもあります。例えば、使いたいデータがあるが、そのデータを利用する許可が出ず別の迂回した方法を実装しなければならない、といったことです。

社外要因・社内要因という切り口で整理

上述のようなシステム設計に影響を与える要因は、それこそ無数にあります。しかし、だからと言ってシステム設計が失敗してよいわけではありません。拙著『情シスの定石』（参考文献20）にて、こうしたシステム設計に影響を与えるような要因を「社外要因・社内要因」としてまとめました[3]。

システム設計時にこうした影響を加味しないと、結局のところ絵に描いた餅となりシステムが実現できません。システムはビジネスに使うためにあり、理想のシステム設計が必ずしも追求できるわけではない点は認識してください。

※3)『情シスの定石』はシステムのライフサイクルを軸に、システム設計のみならず、企画から廃止、保守、運用、マネジメントと、本書より多くの範囲をカバーしています。

社外要因・社内要因とその影響例

分類	要因	システム設計に影響を与える例
社外	法律	制度改正の内容が不明瞭な部分があるため、見解が出るまでどちらの解釈でも稼働するような設計をしておく必要がある。
	市場・競合動向	競合企業がXXの機能を有しているため、その機能を絶対にシステム実装しなければならない。
	災害・環境	災害発生時の対策が必須となったため、システム構成を見直す必要がでた。
	事件・裁判	個人情報漏洩事件が発生し、同じ問題を防ぐための実装が必要となった。
	外部サービス	利用予定の外部サービスが廃止となり、代替サービスもなく、同等の機能を構築する必要が発生した。
	技術動向	採用したい技術の今後が不透明(継続したメンテナンスがなされないのではないか)なため、採用できず。
	外部関係者	(売上に直結しないうえに非常に構築コストがかかるが)顧客の声が大きく、実装する必要がある。
社内	経営戦略	自社における対パートナー戦略が変更になり、予定していたパートナーとの協業ができなくなった。そのため、そのパートナーが得意としていた技術の採用が困難となった。
	財務	コスト不足で必要な機器が調達できないため、別の方式で設計する必要がある。
	IT資産	既存の(ITの)仕組みの流用を強制される。
	他案件	他案件で構築予定の機能が中止となり、それを利用する予定であったため、設計の見直しが必要となった。
	社内政治	利用予定だった他部門からのデータ取得がNGとなり、新たな方式の設計が必要となった。
	文化・組織・体制	組織の縦割り意識が根強く、複数の部署で利用する機能の仕様が決まらずシステム設計が進まない。
	社内ルール	社内セキュリティ規定により、利用したい外部サービスが利用できず、別の方式で設計する必要がある。

19 オンプレミスとクラウド

「クラウド」という言葉を耳にしたことがありますでしょうか。それ以前の構築方法を「オンプレミス」と言いますが、どちらも、特にインフラ（ネットワーク、サーバ設計）に大きく関わる事柄です。

オンプレミスとクラウドの概要

クラウドとはサーバやネットワークをレンタルするようなサービスです。 どのレイヤー（ネットワーク、サーバ、など）までレンタルできるかどうかはクラウドや利用するサービスによって異なります。これらは「SaaS」「PaaS」「IaaS」といった区分けで整理されています。

クラウドは利用契約すればすぐに利用できる状態となっていることが多く、機器購入のコストや時間（注文してから届くまでのリードタイム）が不要という大きなメリットがあります。半面、提供されている中でしか自由に使えないため、その枠組みを超えて使おうとすると余計複雑な設計になることもありえます[4]。

クラウドではなく、**自社で全てハードウェアを準備して構築する方法をオンプレミスと言います。**

インフラ設計の難易度・ボリュームが大きく変わる

クラウドはクラウド独自の設定画面が用意されていることも多く、画面（ブラウザ）から操作できるケースが多いです。細かな設定まで設計する必要が少なくなり、結果的に設計も軽量化できる傾向にあります。

クラウドのメリットとしてリソースの増減が容易である点も忘れてはいけません。サーバが10台必要だと設計して、いざ提供してみると4台で十分。そういった時は残りの6台を停止してしまえば利用料はかかりません。柔軟に変更できるため、精緻な見積もりをせずに進めることもできます。

---

[4] そのクラウドのルールに則るしかないため、「そのサービスは終了します」「利用料金を値上げします」といった動きに、事実上従わざるを得ないというデメリットもあります。決済も外貨ベースのことがあり、為替の影響を受けることもあります。

● オンプレミス、クラウドの範囲

アプリケーション		自社	自社	自社
ミドルウェア				
OS	SaaS	Paas	IaaS	
サーバ				
ネットワーク				

クラウドサービス　　　　　オンプレミス

● インフラ設計の負荷

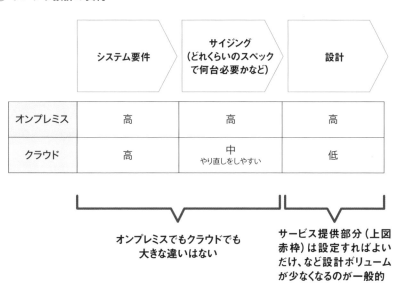

	システム要件	サイジング （どれくらいのスペック で何台必要かなど）	設計
オンプレミス	高	高	高
クラウド	高	中 やり直しをしやすい	低

オンプレミスでもクラウドでも
大きな違いはない

サービス提供部分（上図
赤枠）は設定すればよい
だけ、など設計ボリューム
が少なくなるのが一般的

20 仮想化技術

初学者からすると「仮想化」はイメージが湧きづらいです。しかし、昨今の中規模以上のシステムにおいて、サーバで仮想化技術を使っていないことはほぼないと言ってもよいくらい、利用されています。

仮想化技術とは？

仮想化というと「？」になりがちですので、逆から考えてみましょう。逆は、物理環境です。パソコンで言えば、パソコン本体があり、そこにWindows（Aと呼びます）がインストールされていますよね。仮想化技術を使うことで、そのWindows（A）の中に、別のハードウェア＋Windows（Bと呼びます）のセットをインストールし、稼働させることができます。別のハードウェアと書きましたが、もちろんハードウェアを入れることはできませんので、**Windows（B）からするとハードウェアと認識できるソフトウェアを作るわけです。これを仮想化といいます。**つまり、1台の物理的なハードウェアの上で、何台ものWindowsを稼働させることができるわけです。

インフラ設計への影響が大きい

仮想化技術は、ネットワーク、サーバ設計への影響が大きいです。仮想化ソフトウェアを導入する必要もありますし、リソース（CPUやメモリなど）の割当にも影響します。障害発生ポイントも増えることになります。ハードウェアそのものが故障するとその上で稼働している仮想環境が同時に停止しますし、1つの仮想環境だけ停止するケースもあります。ネットワークにおいても、物理的には1つのLANであるものの、仮想環境にもIPアドレスの付与をするなど、物理と論理の違いも出てきます。

なお、ここではOSの仮想化を述べましたが、アプリレベルでの仮想化など、今や仮想化ができるパターンは数多くあります[5]。

※5）より詳しく知りたい方は、Hyper-V、VMware、コンテナ、Docker、Kubernetesなどのキーワードで調査してみてください。ネットワークの仮想化もあります。

⊙ 仮想化技術のイメージ

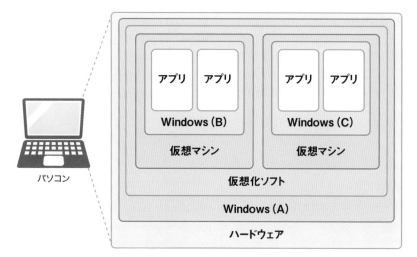

Windows (A) の1アプリのように、Windows (B) や Windows (C) が稼働する

⊙ 仮想化のメリットとデメリット

分類	主な内容
メリット	拡張性を向上しやすい: 空きリソースがあれば追加で仮想マシンを導入できるため、物理的にハードウェアを追加することなく拡張が可能です。
	コストを削減しやすい: 物理的なサーバ数そのものを減らせるため、電力などを含め、コスト削減をしやすくなります。
	空きリソースをうまく使えるため効率的: 各サーバは常にフルパワーで処理しているわけではありません。同一環境にある仮想マシン間でリソースをシェアしながら使えるため、ピーク処理が重ならない限り、リソースを余らせることなく有効活用できます。
	移行もしやすい: 仮想化は全てソフトウェアであるため、ファイルコピーのように別のサーバ上に移動することが容易(であることが多い)です。
デメリット	単体の OS として見ると、パフォーマンスが悪化する可能性が高い: 同一環境の他 OS のリソース利用の影響を受けるため、割当や配置といった設計の難易度が高くなります。
	障害発生時の対応が複雑になる: 障害原因の確認やその対処方法など、障害発生ポイントが増えるため複雑になりやすいです。

21 ミドルウェア

当然かもしれませんが、採用するミドルウェア製品によって設計する内容が変わってきます。初学者にとっては「ミドルウェアって何？」となりがちですが、あらためて、理解していきましょう。

ミドルウェアとは？

OS（WindowsやLinuxといったもの）と、構築するアプリケーションの間に位置するソフトウェアのことです。間に位置するのでミドルウェアと呼ぶわけですね。

個別の業務要件は個別のアプリケーションを作るしかありませんが、それらのアプリケーションで共通して必要となる処理があります。そうした**共通的な機能をまとめて製品にしたものがミドルウェアです**。オープンソースの無料で利用できる製品もあれば、有償で手厚いサポートがある製品もあります。商用利用においてはサポートは重要です。

インフラ設計、アプリ設計への影響も

採用するミドルウェアが違う、つまりソフトウェアが異なりますので、当然設定方法が異なります。同じようなことを実現しようと思っても設定方法が異なるため、それらに準じた設計をする必要があります[6]。

また、同じカテゴリのミドルウェアであっても、機能に差異があります。例えばデータベース製品であれば、MySQLとOracle Databaseでは細かな機能の差異があります。そうした固有の機能を使うためには、アプリケーションから固有の呼び出し方を記述する必要があるため、アプリ設計にも影響してくるわけです。なお、こうした差異についてもある程度よしなに吸収してくれる（プログラムを変えなくても動作する）機能が前述のフレームワークに備わっていることもあるのですが、やはり完全ではありません。

---

[6] 本書ではミドルウェアの設定まで「サーバ設計」として取り扱っています。実務的には体制や役割分担によりますので、アプリ担当が実施するケースもあります。

● ミドルウェア製品の例

種類	製品例
Webサーバ	NGINX、Apache HTTP Server、Internet Infomation Services
データベース	MySQL、PostgreSQL、Oracle Database
アプリケーションサーバ	IBM WebSphere Application Server、JBoss

● ミドルウェアのイメージ図：Webサーバ（NGINX）の例

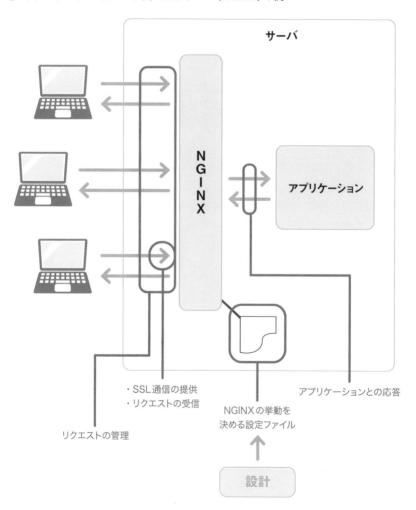

サーバ

N
G
I
N
X

アプリケーション

・SSL通信の提供
・リクエストの受信

アプリケーションとの応答

リクエストの管理

NGINXの挙動を
決める設定ファイル

設計

ソフトウェアを作るのは勉強も 必要だが、本来は楽しいもの

　システム設計に影響する様々な考えを解説してきましたが、初学者にとってはなかなか頭に入らなかったのではないでしょうか。システム産業の歴史はまだ浅いですが、それでも様々な工夫がなされ、そしてそれらを活用して、今のITサービスを形作っています。ソフトウェアの最大の利点はコピーにコストが（ほぼ）かからないこと。一度素晴らしいソフトウェアの形ができあがると、それが資産となっていき世の中の役に立っていく。そう考えるとワクワクするのではないでしょうか。

　さて、そんなシステム設計を行うエンジニアですが、安住の地に留まることはできません。矢のように次から次へと新しい技術やプロダクトが登場してきます。今あるプロダクトの不便を解消したプロダクト、全く新しい考え方に基づくプロダクト。時には、今あるシステム設計方法を根底から覆すようなプロダクトがリリースされることもあります。

　そうした状況ですので、エンジニアは日々勉強をし続ける必要があります。時代に適合していけなくなるということもありますが、何より、今苦労していることが簡単にできるようになることも多々ある（というより、そのために新しいプロダクトが産み出されているのですから）ので、知らずにいるというのはとてももったいないことです。ちなみに、そのプロダクトを知るのに一番早いのは「実際にそのプロダクトを触ってみる」ことです。使える環境を作って、触って、エラーに悩み、何ができるのかを実感する。少し分かってきたら、公式ドキュメントや参考文献でフォローしていく。経験上、この方法に勝るものはありません。何より、何かを作るということは、本来とても楽しいものです。

　教育現場においてプログラミング教育が始まりましたが、プログラミングは本質的にはアプリケーションを作る道具にすぎません。まずはアプリを作る楽しさを知ってもらう。そのためには何を学び、理解できれば作れるのか。大きなシステムを作るには何が必要なのか。そうした時に本書が少しでもお役に立つことがあれば、嬉しい限りです。

CHAPTER 4

全体設計

システム全体の構成や方針、ルールを決めていく全体設計。この設計品質如何で、システム構築のみならず運用まで含んだ意味での「システムの成否」が分かれます。設計すべき対象をしっかりと把握して、先々までイメージして設計する。それが全体設計です。

22 全体設計の流れとポイント

全体設計は「こんなことまで決める必要があるの！？」というくらい多彩な内容です。ただし、どこまで設計するかは構築するシステムの規模や体制などによりけりです。ここではできるだけ多くのケースで必要な設計を説明していきます。

全体設計とは何をするのか

「全体」の名の通り、個々のシステム設計を実施するための土台となる設計を行います。それは「**全体の構成**」や「**設計のルール**」です。特に大きなシステムを構築する時、それぞれの設計者が好き勝手に設計すると品質がバラバラになりますし、そもそも重複や漏れがあるかどうかも分からなくなります。保守・運用においても手がつけられない状態になってしまいます。

● 全体設計の全体イメージ

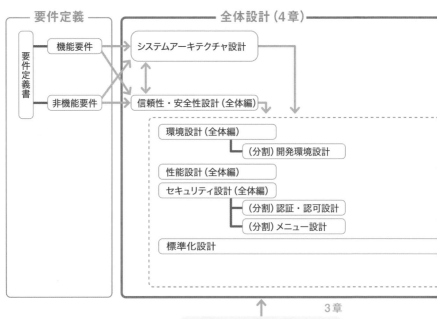

全体設計の内容

　「このような単位でまとめるべし」といったルールはないため、設計・管理しやすい単位で設計書にするとよいでしょう。本書では、一般的に設計が必要となる要素を下図のようにまとめました。

　これらの設計書は、一般の方が持つシステム設計書のイメージとは異なるかもしれません。なぜなら、**完成物は「読み物」のようなもの**となります。設計の方針、そのように設計する理由、設計のルールやガイドラインのような内容です（詳細はSection 23以降を参照）。

　新たにシステム開発プロジェクトに参画したメンバーは、全体設計を読み込むことで全体感やルールが把握でき、個々の設計にスムーズに入っていくことができます。特に、何故このような設計になっているのか？　という点は、品質を保つ上でも重要です。

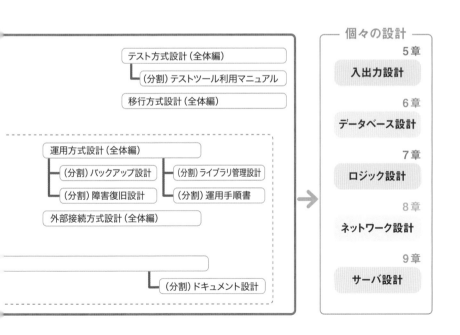

全体設計の作成順

　実は明確な設計順序があるわけではありません。各全体設計同士で相互に影響することはよくありますし、内容がやや重複していることもあります（その場合は、〇〇設計書の〇章を参照、のように書くことが多いです）。

　とはいえ、ある程度は順番があります。全体設計のコアとなるのが「システムアーキテクチャ設計」です。ただし、この設計を行うインプットとして、「信頼性・安全性設計」が必要となります。この設計次第で、インフラ構成や利用するフレームワークが変わってくるためです。システムアーキテクチャ設計がある程度できたら、その後は各全体設計を実施します。これらに大きな順序はありません（前ページの図表を参考にしてください）。

　また、1つの設計内容が多くなりすぎる場合は、設計書を分割することもあります。例えば「セキュリティ設計（全体編）」の内容のうち一部を、「認証・認可設計」として設計を切り出して作成するようなケースです。

 次Sectionからの説明内容

　次Sectionから、**それぞれの全体設計書の内容イメージ（＝章立て）の説明と、その一部について少し深く説明していきます**。各全体設計は、何十ページ、時には100ページを超えるような大作ドキュメントになるほどのボリュームがあり、全てを説明することは（紙面の都合もあり）できません。必要な知識やノウハウも多岐にわたります。より深い知識が必要となる場合は、それぞれの専門書を手に取ってみてください。

● **全体設計の一覧とその概要**

設計書名	設計書概要	詳細解説 Section
システムアーキテクチャ設計	システムの構成要素とそれらの相互関係を明確にし、システム全体の設計方針を設計します。	23
信頼性・安全性設計（全体編）	システムが安定して動作し、信頼性が高く、安全に利用できるような方式を設計します。	24
環境設計（全体編）	システム全体において統一しておくべき共通の内容について設計します。製品、バージョン、文字コードといった設計です。	25

└ (分割)開発環境設計	本番環境以外の固有の設計を行います。ここでは「開発環境」という設計書名としていますが、「性能確認環境」や「業務訓練環境」など、様々な種類の環境があります。環境についてはSection 15も参照してください。	–
性能設計(全体編)	性能に関する設計を行います。要件の整理、サイジング、どのようなアーキテクチャで性能を満たすのか、といった設計を行います。	26
セキュリティ設計 (全体編)	セキュリティに関する設計を行います。要件の整理、どのようなものを脅威として想定するのか、それらをどのようなアーキテクチャで対処していくのか、といった設計を行います。	27
├ (分割)認証・ 　　認可設計	ログインや権限に関する設計を行います。認証・認可周りは、アプリケーション設計にも大きな影響を与えます。将来必要となるであろう要件や性能面も考慮して設計する必要があります。	–
└ (分割)メニュー設計	メニューに関する設計を行います。複雑な制御を行うと、アプリケーション設計バグや設定ミスが発生しやすくなるため、注意が必要です。	–
運用方式設計(全体編)	システムを効率的かつ効果的に運用するための設計を行います。システムのみならず、人の役割・体制も設計する必要があります。	28
├ (分割)バックアップ 　　設計	バックアップに関する全体方針を設計します。	–
├ (分割)障害復旧設計	どのような障害が発生するかを想定し、それぞれに対してどのように対処するかを設計します。	–
├ (分割)ライブラリ管 　　理設計	アプリケーションプログラムや設定ファイルなどの管理方法や仕組みについて設計します。	–
└ (分割)運用手順書	個別の具体的な運用手順を設計します。	–
外部接続方式設計 (全体編)	外部システムとの接続方式を設計します。利用する・される両方の設計を行う必要があります。	29
標準化設計	設計するための基本ルールを設計します。システム全体の品質向上、ならびに長期的な生産性向上にも寄与する、重要な設計です。	30
└ (分割)ドキュメント 　　設計	作成すべきドキュメントを体系立てて整理します。各設計書の目的をはっきりとさせることができます。	–
テスト方式設計(全体編)	どのようなテストを行い品質を向上させるかを設計します。	31
└ (分割)テストツール 　　利用マニュアル	利用できるテストツールと、その利用方法や注意点を説明します。	–
移行方式設計(全体編)	新システムを使い始めるための方式を設計します。ここでは、現システムから新システムに引っ越しするような大規模な対応を想定しています。	32

23 システムアーキテクチャ設計

システムの土台を形作るシステムアーキテクチャ。ここでの設計品質如何で、システムの命運が決まると言っても過言ではありません。知識と経験が必要な難易度の高い設計です。

◉ 設計の目的

　システムの全体構成を描くとともに、どのような考え方でその設計に至ったかを整理することで、システム全体の設計方針を明確にします。関係者の認識を統一するとともに、各設計の品質・スピード向上が期待できます。

◉ 設計書作成のステップ

　要件定義を元に設計することになりますが、システムアーキテクチャ設計と並行して「信頼性・安全性設計（全体編）」も設計するとよいでしょう（次Sectionで説明します）。これらに加え、3章『「システム設計」に影響する考え』の観点も考慮しつつ、内容を作成していきます。

　基本は「要件を確認」→「要件を満たすためのパターンを選択」→「全体を考慮して採択」を繰り返して決めていきます。 採択は、将来も見据えた上でのメリット・デメリットで判断していくしかありません。

◉ アドバイス

　「なぜその設計としたのか」という検討内容（メリット・デメリットなど）や採択理由についても、併せて設計書に書きましょう。システムアーキテクチャ設計はシステム設計序盤に行いますが、必ずしも100点の設計ができるとは限りません。見直しをする際にもこうした情報は非常に重要になります。「なぜこのような設計としたのか」が説明できないとしたら、それはアーキテクチャ設計ができていないということです[1]。

---

[1] システムをとりあえず動作させるだけであれば、実はどうとでもなります。しかし、アーキテクチャ（考え）のない実装をすると、保守・運用で手に負えないシステムになります。

● システムアーキテクチャ設計の章立てと概要(例)

章	概要	詳細解説
当ドキュメントの目的・位置付け・背景	当システムアーキテクチャ設計書を作成する目的と、他設計書との関係性(位置付け)を明示します。また背景として、本システムの概要やビジネス要件、技術的な要件を簡単に説明します。主に要件定義でまとめた内容を記載します。背景を書くことで、当ドキュメントの内容がなぜそのような設計となるのかが分かる手助けをします。	－
システムの概要(全体像)	システム全体の概要を説明します。主要な機能やサービス、外部システムとの接続など、全体感が分かる図(システム全体鳥瞰図やシステム全体構成図)なども作成しながら説明します。 当システムを知らない方が本章を読めば、概要が分かるのが理想です。	－
システム構成要素	システム全体の構成要素を整理します。アプリケーション、データベース、ネットワーク、仮想化といったシステムが成り立つための要素と、どのような単位でサブシステム(サービスやAPI)分割するのかといった考え方を整理します。	－
アプリケーションアーキテクチャ	主に、アプリケーションをどのようなアーキテクチャで構築するのかを説明します。 アーキテクチャスタイル(モノリス、マイクロサービス、イベント駆動など)や設計パターン(MVC、DDD、CQRSなど)について、どのような考えで何を採用したのかを説明します。 また、システム内の相互作用をどのように行うのかについても言及します(通信プロトコル、API方式、データ形式など)。	－
データアーキテクチャ	データベースやストレージの選定、データモデルの考え方、データフロー、データ保存ポリシーといった、データの取り扱いに関する考え方を説明します。	●
ネットワークアーキテクチャ	システム内外のネットワーク接続・構成やセキュリティ対策の指針、ネットワークの管理方法などを説明します。これらはセキュリティ設計(全体編)や運用方式設計(全体編)などと密接に関連します。	－
インフラストラクチャ	信頼性・安全性設計(全体編)がインプットとなる章です。 スケーラビリティやパフォーマンス、可用性や冗長性を考慮し、どのようなハードウェアやOS、ミドルウェアなどを採用するかを整理します。選定した考え方や理由についても説明します。	●
運用	システムを継続して使うための運用機能に関して説明します。システムのモニタリング(監視対象やその方法)やシステム運用(プログラムのリリース方法、バックアップ、復旧方法など)、システムメンテナンス(パッチ管理やアップデート方法)について設計をします。これらは運用方式設計(全体編)のインプットにもなります。	－
設計評価と改善	本設計書を作成した時点の評価を行います。設計上の大きなポイント(肝となる点やリスクの大きな点など)を説明するとよいでしょう。また、設計を改善するための方法やルールを定めます。こうすることで、より妥当なシステムアーキテクチャ設計となるように進めていくことができます。見直したタイミングで、当ドキュメントのバージョンを上げて管理しましょう。	－

「データアーキテクチャ」の例

サブシステム[2]とデータ更新ルールのイメージを例示します。

ここではデータ（各テーブル）の持ち主システムがいてそのシステムが責任を持ってテーブルを管理する、という考え方で設計しています。そして、そのテーブルを更新できるのは管理主のサブシステムのみとします。参照についても許可制としており、テーブルに対して明示的に参照権限を付与しないと参照できないようにします。こうすることで、テーブルを改修する時に利用しているシステムが明確になり、影響範囲の見極めがしやすくなりますし、他システムによる勝手な設計を防ぐことができます。

また、業務色が薄く、多数のサブシステムが利用するようなテーブルは「共通系」のサブシステムとして準備しています。例えば「国コード」「銀行コード」「住所コード」のような、一般的な情報を管理します。

「インフラストラクチャ」の例

どのようなハードウェア（サーバやネットワーク）をどのように配置するか。それらの用途は何か。外部との接続はどのようにするのか。大量の処理や、（主にハードウェア観点の）障害時にも稼働し続けるための仕組みはどのようにするのか。様々な点を考慮し、設計していきます。どのような構成が必要かは非機能要件に大きく左右されます。これらは次Section「信頼性・安全性設計（全体編）」と密接に関係します。

昨今は仮想化するのが当たり前です。物理的なハードウェア構成と論理的なシステム構成を1つの図にするのは難しいため、レイヤーを分けて記載するのがよいでしょう。読み手が理解できる形でまとめるのがポイントです。

一番注意が必要な点は、インフラストラクチャの大きな変更は全てに大きなインパクトがあるということです。オンプレミス環境であればそもそもハードウェアの購入に影響しますし、クラウド環境であっても設計見直しが必要になります。変更しづらい部分は細心の注意を払い、柔軟に変更できる余地を残す設計とすることも大切です。

※2) システムは多数の機能から構成されるので、構築・保守・運用しやすくするため「サブシステム」という単位で分割することがあります。

● データアーキテクチャの例

データアーキテクチャ（データ保存ポリシー）

- テーブルオーナのみ、レコード更新を許可する
- 他システムのテーブル参照は可。ただし、テーブルオーナの許可設定が必要
- 複数のサブシステムで必要となる共通の機能は、共通系に配置

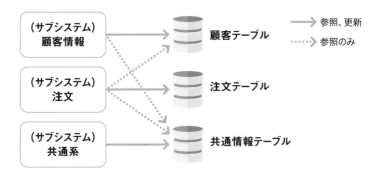

● インフラストラクチャの例

インフラストラクチャ（全体論理構成）

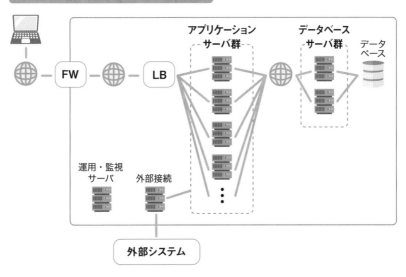

24 信頼性・安全性設計（全体編）

システムは、いつでも同じように使えることが当たり前だと感じるかもしれません。しかし、その当たり前を実現するためには多くの考慮、仕組みが必要です。それを実現するための土台を設計するのが本設計です。

設計の目的

　システムが信頼でき、かつ安全に利用できるための仕組みを設計します。これらをインプットに、システムアーキテクチャ設計やセキュリティ設計（全体編）を実施します。**信頼性とは、特定の条件下で継続的に正確かつ適切に実行できること**を言います。入力したデータが消えるようなシステムは使い物にならないですよね。**安全性とは、悪意のある攻撃や誤操作、システム障害などからシステムを守る能力のこと**を言います。

設計書作成のステップ

　まずは要件、特に非機能要件の内容を整理します。信頼性・安全性設計で重要な非機能要件は「可用性」「性能・拡張性」「運用・保守性」「セキュリティ」です（非機能要件はSection 02『「要件定義」とは』を参照）。

　そしてそれら要件に対して、どの程度リスクがあり、どこまで対策を考える必要があるかの指針を決めます。例えば、セキュリティ面で「外部から改ざんされない」要件がありますが、インターネットに接続しないシステムであれば強固な防止策を導入する必要はないと考えることもできます[※3]。要件を実装すればするほど、当然コストは高くなり、システム構築期間も長くなります。

　指針が決まれば、それらをどのような技術・対策で実現していくかを決めます。一般的な要件に対する実現方法の王道はすでに存在します。それらを比較検討し、どの方式を採用するのかを決めましょう。

※3）こうした方針の根底にあるのは、（システムを作る・使う）企業としての考え方です。また、将来性の考慮も大切です。例えばインターネットへの接続要件が追加となった時に大改修が必要になるかもしれません。

信頼性・安全性設計（全体編）の章立てと概要（例）

章	概要	詳細解説
当ドキュメントの目的・位置付け	信頼性・安全性設計を行う目的と、他設計書との関係性（位置付け）を明示します。信頼性・安全性設計は、特に非機能要件を実現するための設計とも言えます。そのため、インプット情報は非機能要件が色濃くなります。	－
信頼性・安全性要件	解決すべき要件を明確にします。また、それらのリスクや影響度合いを鑑みて重要性や優先度を決め、どこまでどのように実装するかの指針を決めます。これらに基づいて、以降の章を設計していきます。	●
可用性と冗長性	主に、継続して使い続けるための仕組みを設計します。どのような考えでどのような部位を二重化（多重化）するのか、フェールオーバー（故障や障害時に正常稼働する機器に処理を切り換えること）に要する時間や手間に関する考え方などを整理します。これらは、ハードウェア構成を決める大きな要素となります。方式の違いで、コストが大きく変わります。	－
バックアップとDR	システムのバックアップ指針（定期的なバックアップ、バックアップ先、バックアップの世代管理の考え方など）を設計します。また、DR（ディザスタリカバリ、災害時の復旧手順や代替方法など）の考え方も整理します。	－
セキュリティ対策	セキュリティ対策を決める指針を設計します。セキュリティで考慮すべき範囲は広いため、指針を元に「セキュリティ設計（全体編）」のように分割してまとめることも多いです（本書はこの形です）。ここでは何を脅威として考え、その脅威に対してどのような対策を行うのかの指針を整理します。	－
システム監視	システムの監視指針を設計します。ハードウェアの故障検知から、リソース（CPU、メモリなど）の監視、アプリケーション異常発生時の検知などと、それらの通知（連絡）方法を設計します。	－
設計評価と改善	本設計書を作成した時点の評価を行います。設計上の大きなポイント（肝となる点やリスクの大きな点など）を説明するとよいでしょう。また、設計を改善する時の方法やルールを定めます。信頼性・安全性設計は、システムが使えるかどうかの最低レベルを決める重要な設計です。また、設計変更は、他設計、特にインフラ面に対して大きな影響が発生することが多いです。本設計については、できるだけ詳細まで設計した上で先に進めるのがよいでしょう。	－

　信頼性・安全性の実現は、インフラ設計に大きく影響する要素が多いです。例えば、信頼性の実現方法として「機器の二重化」があります。機器はいつか必ず故障するため、その故障時にシステムが止まらないように別機器で稼働できるようにする方法です。二重化を実現するには、もちろん機器が2セット必要になります。二重化するかどうかは機器購入のコストに大きく影響しますし、納期もありますので構築スケジュールに大きな影響を与えることもあります。

　昨今はクラウドでインフラを組めるケースも多いため、過去ほどにシビアではなくなってきています。しかし、後からの修正は後続設計に影響があるのは同様で、もちろんクラウド利用料にも影響があります。

　これらの設計はバランスが大切です。過剰スペックとならないように、求められる適切なレベルを狙いにいくことが大切です[4]。後から問題が発生すると小手先では対応できないことも多いため、システム投資判断ができるキーマンにしっかりと説明することもポイントです。

🔘 「信頼性・安全性要件」の例

　信頼性・安全性要件を確認する有効なシステム評価指標に「RASIS」（レイシス、ラシス）があります（RASISの内容は右ページを参照）。

　例として、かなり厳しめのシステム要件を挙げてみました。要件を簡単にまとめると「システムを24時間365日止めるな」となります。障害発生時も止めることは基本的にNGですし、メンテナンス時間を確保できるような仕組みも必要となります。

　この後の各種全体設計にてより細かく設計していきますが、このタイミングでもう少し細かく具体的に設計しても問題はありません。例えば、二重化といってもネットワーク、ストレージ、サーバ（アプリ、データベース）といった部位で方針を変えた方がよいことがあります。システム全体で絶対に譲れない要件をとらえ、その対策方針を示せることがポイントです。

※4）信頼性・安全性は、基本的にはコストとの兼ね合いです。コストは、モノの購入コストもありますが、構築、保守・運用の観点でも考慮する必要があります。

RASIS について

頭文字	単語	概要
R	Reliability	信頼性。平たくいうと「故障しにくいこと」。稼働時間当たりの平均故障間隔（MTBF）といった指標がある。
A	Availability	可用性。平たくいうと「稼働し続けること」。稼働が必要な時間に対する実際の稼働時間の割合である「稼働率」といった指標がある。
S	Serviceability	保守性。平たくいうと「障害からの復旧時間」や「メンテナンスのしやすさ」。障害発生から復旧までの平均復旧時間（MTTR）といった指標がある。
I	Integrity	保全性。平たくいうと「データの矛盾がなく一貫性を保っていること」。ハードウェア故障の時だけではなく、ソフトウェアの過負荷や誤操作といった観点も含む。
S	Security	安全性。平たくいうと「機密性が高く、不正アクセスなどされにくいこと」。セキュリティも奥が深いが、情報セキュリティの3要素（CIA）といった考え方もあるので活用する（Section 27参照）。

信頼性・安全性要件の対策方針例

＜要件概要＞
・24時間365日稼働し続けるシステム
・障害発生時においても、10分以内にシステムが稼働できること
・縮退時（ハードウェア障害などで性能が下がること）においてもボリューム要件を満たせること

分類	目標	対策方針
R（信頼性）	・個々の機器のMTBFは設定しない ・システム全体のMTBFは可能な限り高くなること	・機器単独のMTBFの高さよりも、コストパフォーマンスを優先して機器を選定する ・二重化・多重化により、可能な限りシステム全体の停止が発生しないようにする
A（可用性）	・稼働率は99.999%（年間合計約5分の停止は許容）	・基本はホットスタンバイ方式をとる ・スケールアウト（サーバ台数を増やして合計処理性能を上げる）を採用するサーバ群はホットスタンバイではなく、目標稼働率から適切な台数を設計する
S（保守性）	・ハードウェア障害発生からの復旧は30秒以内 ・メンテナンスのために少なくとも24時間は確保できること	・全ての機器を二重化、部位によっては多重化 ・本番稼働環境から切り離して、個別にメンテナンスできる仕組みを用意
I（保全性）	・機器障害によるデータ不整合が発生しないこと ・特に重要なデータについては不整合が検知できること	・信頼性の高いOracle Databaseを採用 ・登録データの不整合を検知するために、1時間に1度、整合性確認処理を稼働させる
S（安全性）	・外部からの侵入を防ぐ ・内部における不正を検知する ・J-SOXに準拠したシステムであること	・インターネットと内部ネットワークの境目にFWを設置 ・WAFを利用し、アプリケーション脆弱性に対応 ・適切な権限の付与、システム実装、運用を行う ・定期的なログ監査を実施

25 環境設計（全体編）

環境設計（全体編）では、システム全体において統一しておくべき共通の内容について設計していきます。プロダクトのバージョンを設計するなど、いよいよ具体的な設計を行っていきます。

設計の目的

システム全体の土台を合わせることで、効率的かつ安定的に機能できるようにすることを目的とします[※5]。統一感を持たせることで互換性による問題も回避しやすくなり、保守・運用の効率を高めることもできます。

設計書作成のステップ

システム要件やシステムアーキテクチャ設計をインプットに、設計すべき環境要素の洗い出しを行います。それらの要素に対し、適切なバージョンや設定などを設計します。

環境設計（全体編）ができてくると、ハードウェアやソフトウェアの発注ができるようになります。 製品を購入するために何を決めればよいのかを考えると必要な要素も出しやすいでしょう。もちろん全て商用ソフトウェアである必要はなく、オープンソースソフトウェアも活用しましょう。

アドバイス

どのような選択をするのがよいのかは経験やノウハウが大きく左右します。一見良さげに見える製品も、実際に利用すると頻繁にダウンするようなバージョン（いわゆるハズレ製品）だったということもあります。他社での実績・事例、安定した（枯れた）バージョンであるか、サポートはどうか、この先の製品寿命（EOS：サポート終了）はどうなのか、費用は……など、様々な考慮を行い、選定する必要があります。

[※5] 必ず全てを統一しないといけないわけではなく、要件によっては個別最適とした方がよい部位も出てきます。例えばWindowsであれば簡単に要件を満たせる機能があるのに、Linuxを使うのは非効率ですよね。

● 環境設計(全体編)の章立てと概要(例)

章	概要	詳細解説
当ドキュメントの目的・位置付け	環境設計を行う目的と、他設計書との関係性(位置付け)を明示します。	●
オペレーティングシステム設計	OSの具体的なバージョンやその選定理由を整理していきます。アプリケーションから求められる要件によってOSを変えることもあるため、それぞれに対して設計を行います。先にOSが決まるというよりは、要件から導き出されたミドルウェアの都合によってOSが決まることの方が多いかもしれません。	–
ミドルウェア設計	データベース製品、Webサーバ製品、外部接続製品など、ミドルウェアの具体的なバージョンやその選定理由を整理していきます。もちろん、利用するOSによって使用できるミドルウェアに制約があることがあります。そもそもそのOS版がないこともありますし、機能制約があるようなケースもあります。単純に製品名だけで決めるのではなく、細かな機能まで確認して選定しましょう。	–
フレームワーク・開発言語設計	開発言語や利用する開発フレームワークの選定を行います。あわせて、それらの理由も明確にします。アプリケーションの設計・保守・運用に大きく影響する選択となります。該当言語を扱えるエンジニア人口数やその単価感なども考慮して選定しましょう。	–
ハードウェア設計	具体的なサーバやネットワーク製品を選定します。クラウドを利用する場合は、必要なスペックやサービスを設計します。	–
標準環境設計	文字コード、タイムゾーンなど、システム全体を通して統一した方がよい設計を行います。	●
設計評価と改善	本設計書を作成した時点の評価を行います。特に、判断理由とその内容に妥当性があるかを確認しましょう。また、設計を改善する時の方法やルールを定めます。	–
(分割)開発環境設計	開発環境特有の環境設計を行います。 一般的に、コスト面から本番環境と同様の環境を構築することは難しいです。スペックダウン、台数削減や、複数の開発者が開発するための仮想環境の準備、開発環境のみに必要なツール、それらに対応するための設定変更など、本番環境との差異を中心に設計を行います。 なお、ここでは開発環境としましたが、性能測定用の環境など、目的に応じて様々な環境が必要となる場合があります。本番環境以外の設計をすると理解してください。	–

💿 「当ドキュメントの目的・位置付け」の例

　ここで、各設計書の冒頭にある「当ドキュメントの目的・位置付け」というのは具体的にどのような内容を記載するのかを説明します。当「環境設計（全体編）」に限らず、様々な設計書でこうした目的・位置付けを記載します。こうした目的や位置付けを明確にすることで、読み手の理解を促進するとともに、全体の整合性や抜け漏れを防ぐことができます。

　環境設計（全体編）では、主に「採用プロダクトのバージョンなどを具体的に確定させる」「システム全体で統一すべき設定を確定させる」ことを目的とします。位置付けは、前後のドキュメント（設計書）との関連性を明確にすることで、インプットやアウトプットを分かりやすくすることができます（右ページ参照）。次の設計書が何であるかの意識も持てますし、読み手に次に読むべきドキュメントを伝えることができます。

💿 「標準環境設計」の例

　システムは世界中で使えるように設計してあり、各国で動作できるようになっています。代表例が言語設定やタイムゾーンでしょう。各環境（サーバなど）における設定部位はマチマチですが、何の設定とすべきかを統一することで、システム間連携などにおける余計なバグを避けることができます。

　こうした設計は、将来を見据えて設計することも大切です。例えば、国内だけでなく海外で利用する予定があるのであれば、単純に日本語を前提にシステムを構築するのではなく、国際化（i18n）や地域化（l10n）といった考え方を取り込んで設計する必要があります[※6]。

　他にも、複数システムにおいて文字コードを統一しておくことで文字化けといった余計なバグに遭遇する確率を下げることができます。こうした設定を全体編で定義しておかないと、個々で自由に設定してしまうことになります。何か問題が発覚して変更するとしても、テスト実施後に変更するのは一部のテストやり直しにもつながり、影響が大きいものとなります。環境は土台です。後で変更するのは影響が大きい、と認識しておきましょう。

[※6] 将来対応できるようにしておいた方がそれはよいでしょう。ただ、やはり設計や考慮点が増え、コスト高になります。不必要な要件を取り込まないようにしましょう。

●「当ドキュメントの目的・位置付け」の位置付けの例

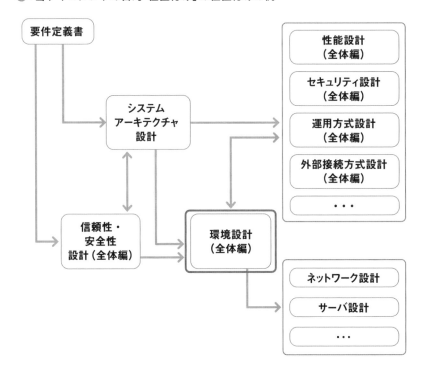

● 標準環境設計の例

項目	設定値	補足
文字コード	UTF-8	–
利用可能 文字範囲	絵文字利用不可。 保証は第一水準、第二水準、 英字、数字、一般記号のみ。	具体的な範囲は「別紙 利用可能文字一覧」を参照。
テキスト エンコード方式	Base64	用途によっては個別に変更可能。
改行コード	基本はCR＋LF	環境によって他不具合が出る場合は、OS標準の改行コードを採用。
タイムゾーン	UTC（世界標準時）	アプリケーションの各処理において、地域を意識して時刻を利用する。データベースへの格納はUTCとすること。

26 性能設計（全体編）

本システムに必要となるであろう性能に関する設計を行います。ユーザの満足度確保、効率的なシステム運用、そして費用対効果を高めるためには、最適な性能設計が必要です。

設計の目的

　システムを快適かつ効率的に動作させるために、どのような部位でどのような対策をするのかを設計します。性能に対する考慮ポイントが明確になり、後工程の設計がスムーズになります。また、システムの費用対効果も高くなります[※7]。

設計書作成のステップ

　性能に関する非機能要件を明確にします。その要件がシステムリソースとして具体的にどのような数値となるのかをサイジングします。

　そして、システムアーキテクチャなどの全体像とも照らし合わせながら、どの部位でどのような対策を行い性能要件を満たしていくかを設計します。

　また、その要件が満たせていることを確認するために、性能テスト計画や性能監視方法を設計します。

アドバイス

　本当のところの性能は「実機で動かしてみないと分からない」世界です。この時点では稼働するアプリケーションもまだない状態のため、言い当てることはほぼ不可能でしょう。最後の最後で打てる対策がない……といった状況にならないように、柔軟性のある設計を行いましょう。例えばサーバ台数を増やせば力技で解決できる、といった設計です。できるだけ早く問題が検知できるようなテスト計画を組むことも大切です。

[※7]　余計なモノ（ハードウェア）を買わなくてもよい、ということです。クラウド利用においてもリソースは利用料に大きく影響します。ある意味、性能設計はコスト面で非常に大きなインパクトを与える設計かもしれません。

性能設計（全体編）の章立てと概要（例）

章	概要	詳細解説
当ドキュメントの目的・位置付け	性能設計を行う目的と、他設計書との関係性（位置付け）を明示します。	–
性能要件	性能に関する要件を明確にします。ただし、全てを完璧に明確にするのは困難です。システムが稼働して初めて分かるような要件もあるためです。これがクリアできていないとシステムは使い物にならない、といった重要なポイントは漏らさないようにしましょう。	–
サイジング	性能要件に対して、具体的にはどのようなシステムリソースが必要なのかを見積もるのがサイジングです。詳細は次ページで解説します。	●
性能アーキテクチャ設計	性能要件を満たすために、どのようなアーキテクチャで対応するかの全体像を描きます。ハードウェア、ソフトウェア双方の合わせ技で設計します。採用するソフトウェア設計モデル（Section 16を参照）にも左右されます。	●
ハードウェア性能設計	性能アーキテクチャ設計に基づき、どのようなハードウェア性能があればよいかを設計します。環境設計（全体編）とも関連します。	–
ソフトウェア性能設計	性能アーキテクチャ設計に基づき、どのようなソフトウェアの工夫が必要かを設計します。 特にデータベースに関する考え方は重要です。キャッシング、インデックスなど、性能向上の施策や実装方法を設計します。	–
性能テスト計画	机上設計だけでは本当に要件が満たせているか分かりません。どのタイミングで、どのようなテストを実施するかの方針を定めます。なお、ここでは「テスト」と表現していますが、性能の作りこみは設計時から必要です。どのポイントでどのようなチェックをすべきかを定義しましょう。	–
性能監視	何をどのように監視して性能を判断するかを設計します。リソース使用率やレスポンスタイムといった標準的な考え方はあり、奇をてらうような内容はあまりないでしょう。システムからの情報取得にはアプリケーション開発が必要であるケースもあるため、ここで必要な機能を出し、開発に結びつけます。	–
設計評価と改善	本設計書を作成した時点の評価を行います。〇〇をすれば性能はよりよくなるのに、といったことは多々ありますが、コスト面との折り合いとなるでしょう。性能ネックになりそうな部分については評価しておきましょう。また、設計を改善する時の方法やルールを定めます。	–

4

全体設計

「サイジング」の例

　サイジングとは、性能要件のみならず、システムとして稼働するために必要なリソースを見積もることです。本書では性能設計（全体編）の一部として組み込んでいますが、システムアーキテクチャ設計や環境設計（全体編）にも大いに関連してきます。

　性能要件・ボリューム要件を初期段階から出し切るのは難しいですが、そうは言っても何かしらの数値を想定し、必要なリソースを見積もる必要があります。どうしてもブレは出ますので、計算上、余裕値（×1.5としておく、など）を取っておくことも一つの方法です。

　右ページの例はそれなりの規模のシステムですが、世の中にはもっと大きなシステムもたくさんあります。どれだけの数のサーバでシステムを支えているのかと想像するのも面白いですね[8]。

「性能アーキテクチャ設計」の例

　性能はざっくり言うと「リクエスト量の多さ」への対処と「1つの処理にかかる時間の長さ」への対処という問題に分かれます。

　「リクエスト量への多さ」への対処は、アーキテクチャで勝負です。どのような経路で詰まる可能性があるか（ボトルネックがどこにあるか）を想定し、うまくさばけるような仕組みを設計します。右ページの例は、リクエスト量が一定量を超えると、内部に処理が流れないようにすることで一定量の処理は必ずできるようにするという考え方をしています。

　「1つの処理にかかる時間の長さ」への対処は、一般的にはアプリケーションの工夫で対処できることが多いです。データベースに対してより効率のよいアクセスの仕方をする、ロジックそのものを見直す、といった対応です（性能チューニングと言われることもあります）。しかし、そうは言っても限界はあるため、最後は力技（ハードウェア増強）で解決するしかないこともあります。

※8) IPA非機能要求グレード2018の一つに「システム環境・エコロジー」があります。消費電力なども気にすべきであり、時代の流れとしても無駄を無くすことは大切な要素となっています。

サイジングの例

要件	計算式	想定必要リソース
ピーク時10万件 （1秒あたり）の リクエストを処理	3KB/件 × 10万 × 1.5（余裕値）÷ 0.75（ネットワーク伝送効率）× 8（bps化）	4.8Gbpsの帯域が必要
	サーバ1台あたりの最大接続数1024	最低約100台のサーバが必要
プロダクト AとBを 稼働させる	A：メモリ5GB利用 B：メモリ10GB利用 その他：アプリケーション稼働メモリ領域として16GB必要	最低31GBは確保
1000万件の アカウントが存在	関連情報含めて50 KB/アカウント × 1000万 × 1.5（余裕値）	750GBのディスク容量 （単一領域あたり）

性能アーキテクチャ設計の例

リクエスト量増大への対応基本方針

基本は、許容量を超えたらシステム内部に入らないように制御する

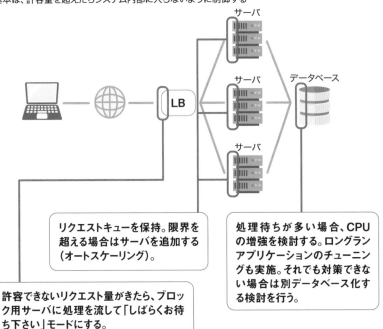

サーバ

サーバ　データベース

LB

リクエストキューを保持。限界を超える場合はサーバを追加する（オートスケーリング）。

処理待ちが多い場合、CPUの増強を検討する。ロングランアプリケーションのチューニングも実施。それでも対策できない場合は別データベース化する検討を行う。

許容できないリクエスト量がきたら、ブロック用サーバに処理を流して「しばらくお待ち下さい」モードにする。

27 セキュリティ設計（全体編）

セキュリティ設計は、システム全体の安全性を確保し、機密性・完全性・可用性を維持するために不可欠です。ただし、完璧と言えるセキュリティ対策はありません。リスクとコストのバランスを取り持つことも大切です。

 設計の目的

システム全体に対するセキュリティ要件を明確にし、それに基づいてセキュリティ対策ができる状態にすることを目的とします。当初からセキュリティを意識した設計とすることで、後から対策を追加するよりも効果的・効率的にセキュリティの確保ができます。

 設計書作成のステップ

セキュリティに関する非機能要件を明確にします。そして、それら要件を満たすために、どのような脅威があるかを想定し、どのような対処が必要になるかを設計します。その対処に基づき、セキュリティアーキテクチャや具体的なセキュリティ内容を設計していきます[※9]。

また性能設計と同様に、セキュリティにおいてもテスト計画や監視方法を設計する必要があります。そして、システム設計そのものではないのですが、**インシデント（重大な事件・事故になるおそれのある事件）発生時にどのように対応するかの計画も必要です。**インシデント対応に必要と考えられるシステム機能をここで設計する必要があります。

 アドバイス

セキュリティ対策は、システムの仕組みの根幹を理解していないとその対策の妥当性が分かりません。外部の専門家を活用するなど、本当に対策になっているかを確認することが大切です。

※9) セキュリティ設計をしていると「セキュリティを気にしなければ、すごく楽に構築できるのに……！」といつも感じるくらい、負荷の高い設計です。

➡ セキュリティ設計(全体編)の章立てと概要(例)

章	概要	詳細解説
当ドキュメントの目的・位置付け	セキュリティ設計を行う目的と、他設計書との関係性(位置付け)を明示します。セキュリティはハードウェア、ミドルウェア、アプリケーション全てに影響します。	-
セキュリティ要件	セキュリティに関する要件を明確にします。主に非機能要件をインプットにしましょう。	-
想定する脅威と対処	脅威を想定して、それをどのように対処するのかを設計します。システムのみならず、人が対処することも含めます。	●
セキュリティアーキテクチャ	対処するための全体像を描きます。どの部位(ハードウェア、ソフトウェア)で、どのような対処を行うのかを整理します。	-
ネットワークセキュリティ	ネットワークにおけるセキュリティ対策を設計します。導入する機能(FW、IDS/IPS、VPNなど)やその構成イメージを設計します。	-
サーバセキュリティ	OS、ミドルウェアなどのセキュリティ設定の方針を設計します。ネットワーク上の配置場所によって脅威レベルは変わるため、そうした点も意識した設計が必要です。	-
アプリケーションセキュリティ	セキュアなソースコードを作成するためのコーディング規約や脆弱性(SQLインジェクション、クロスサイトスクリプティングなど)対策ガイドラインなどを整備します。また、機密情報(例えばパスワード)がログに出力されないように処理をする、といった考慮も必要です。	-
パッチ・アップデート方針	パッチやアップデートなどの対応基本方針を定めます。	-
セキュリティテスト計画	設計時のチェックポイントやテスト方法・タイミングなどを計画します。性能と同様、セキュリティについても実機でテストしないと本当に機能しているかが分かりません。外部機関による脆弱性診断を活用するのも一つの手です。	-
セキュリティ監視	何をどのように監視するのかを設計します。不自然なネットワークの動きや、システムログに怪しい内容がないかなど、システム実装が必要な処理を洗い出す必要があります。	-
セキュリティインシデント対応計画	100%防げるセキュリティ対策はありません。起きてしまった時に迅速に対応できるように計画しておく必要があります。	●
設計評価と改善	本設計書を作成した時点の評価を行います。また、設計を改善する時の方法やルールを定めます。セキュリティの脅威は、次々と様々な手法が生まれています。システム構築中であっても定期的に点検できるような運用を作りましょう。	-
(分割)認証・認可設計	いわゆる、ログインや権限の仕組みを設計します。必要なサービス・機能であったり、認証・認可を受けた上でのアプリケーション処理の設計であったりと、非常に重要な設計となります。後からの変更は大きな影響が出やすいです。	-
(分割)メニュー設計	メニューの設計です。どのような構造(ツリーやカテゴリなど)にするのか、権限との関係性はどうするのか、などのルールと、それをシステムで実装するための仕組みを設計します。	-

4

全体設計

「想定する脅威と対処」の例

　セキュリティ設計において、想定する脅威はとても大切です。そもそも、脅威が想定できていないと対処を考えることができないためです。ここで漏れがあると、いくら想定した脅威に対して強固に対処したとしても、違った観点からサイバー攻撃を食らってしまったということが起こりえてしまうのです。例えば、昨今大きな脅威となっているランサムウェア[※10]による被害。被害が大きくなったのは比較的最近ということもあり、2000年代に構築したシステムでは脅威としては挙がっていなかったでしょう。対策の一つとして「バックアップを取得する」というものがあります。通常、何かしらのバックアップは取得しているシステムが多いためランサムウェアに感染しても事なきを得たケースもありますが、バックアップ方法によっては復元できないこともあります。ランサムウェアを脅威として捉えていれば、適したバックアップ設計ができていたことでしょう。

　とは言え、脅威を想定するのは簡単ではありません。**ヒントとなる考え方として、情報セキュリティの3要素（CIA）があります。**機密性、完全性、可用性を意味し、そうした観点をベースに脅威を想像する方法も効果的です。世間に公開されているセキュリティ事件情報なども収集し、脅威と対処を設計しましょう。

 「セキュリティインシデント対応計画」の例

　セキュリティ事件により、会社そのものが傾くという可能性も出てきました。顧客、マスコミなどへの謝罪方法を1つ誤っただけでも大炎上することがあります。きっかけはシステムですが、会社として適切に対処していく必要があります。

　そうした必要性から「CSIRT（シーサート）」と呼ばれる組織を作成することがあります。インシデントの一元管理、セキュリティ脆弱性情報の収集・実行の後押し、外部窓口などを担い、会社として適切な対応を行います。なおCSIRTは社内調整事項なども多く、全てを外注するのは難しいでしょう。

※10) ランサム＝身代金のこと。コンピュータを暗号化し、元に戻す鍵が欲しければ金をよこせ、というようなウィルスです。2016年頃から感染が急拡大しています。

想定する脅威とその対処の例（CIA を活用）

情報セキュリティの3要素（CIA）	概要	脅威例	対処例
機密性 (Confidentiality)	正当な権利を持った人だけが使用できること。	通信が傍受され、中身が解読される（情報が漏洩する）。	端末とサーバの通信を SSL 化する。
		権利がないユーザが情報取得できてしまう。	適切なアクセスコントロールができる仕組みをアプリケーションに実装する。
			SQL インジェクションを防ぐために、アプリケーションに脆弱性がないかをテストで確認する。
			SQL インジェクションを防ぐために、WAF を導入する。
		不正にログインされ、情報が漏洩する。	二要素認証の仕組みを導入する。
			連続ログイン施行を検知する。検知した場合、一定期間ログインできないようにする。
完全性 (Integrity)	改ざんされていないことを確実にすること。	アプリケーションプログラムが改ざんされ、フィッシングサイトに遷移する処理が埋め込まれてしまう。	ライブラリを変更できる権限を正しく管理する。
			ライブラリの改ざんが検知できるように定期的にチェックを実行する。
		不正に取得したアカウントを利用して、誤ったデータに更新されてしまう。	データの変更履歴を残し、内容を確認できるようにする。
可用性 (Availability)	必要な時に使用できること。	ランサムウェアによる攻撃を受け、利用できspeなくなる。	サーバ内のウィルススキャンを定期的に実行する。
			万が一データが暗号化されてしまったことに備え、バックアップを毎日作成し、バックアップはオフライン化する。
		DDoS 攻撃を受け、サービスが使えない状態に陥る。	CDN を導入し、影響を緩和できるようにする。

CSIRT の体制イメージ

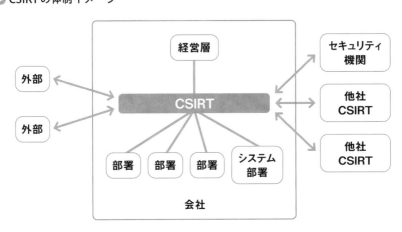

28 運用方式設計（全体編）

運用方式設計は、システムを効率的かつ効果的に運用できるようにするための設計です。システムのみでの完全自動化はまだまだ難しいものがあるため、人の役割・体制も設計する必要があります。

設計の目的

システム運用に関する要件や責任範囲を明確にし、必要な仕組みを洗い出すことで後工程の設計のインプットとします。適切な運用を行っていくことで、システムの安定性、パフォーマンス、セキュリティを維持し、システムトラブルの発生や影響を最小限に抑えることができます。

設計書作成のステップ

まずは運用要件を明確にします。要件定義もインプットとしますが、**実際に運用を実施するために必要な体制やスキルなど「人に対する要件」も考慮する必要があります。**そして、それらを実現するための体制、必要なツール、監視方法、具体的なシステム処理方式を設計していきます。

アドバイス

運用方式はシステムのライフサイクルも意識し、継続的に強化していくことを設計しましょう。システムは生き物のように変化していきます。また、組織のニーズや時代に求められるものも変化していきます。柔軟に変更できるようなルールを作りましょう。システム完成時点から万全の運用が作れるとよいですが、実状はシステム構築で手一杯となり運用構築は後回しにされがちです。ある程度、最初は人手で対応し、徐々にシステム化・自動化していく、ということが現実的かもしれません[11]。

---

[11] システムライフサイクルにおいて一番コストがかかるのが実はこの運用です。保守（機能強化など）も含んだ数値とはなりますが、企業のIT予算における運用の割合は約75%と言われています（出典：企業IT動向調査報告書 2022 ／ 一般社団法人 日本情報システム・ユーザー協会／ https://juas.or.jp/cms/media/2022/04/JUAS_IT2022.pdf）。

運用方式設計（全体編）の章立てと概要（例）

章	概要	詳細解説
当ドキュメントの目的・位置付け	運用設計を行う目的と、他設計書との関係性（位置付け）を明示します。	－
運用要件	運用に関する要件を明確にします。システムの稼働率や障害復旧時間もありますが、保守窓口の時間帯やその体制（人数）なども要件としてあります。SLAを定めている場合など、監査面においても運用要件が出てくるでしょう。	－
運用体制設計	ここでいう「運用」の範囲（業務）を定義し、体制を計画します。役割分担、責任範囲を明確にします。監視、バックアップ対応、システム障害対応など、どの部位をどこまで運用部隊として実施するのかを設計します。	－
運用ツール設計	運用を行うにあたり、どのようなツールやサービスが必要となるのか、それらをどのように使うのかを設計します。例えば、監視ツール、バックアップツール、遠隔管理ツールなどが挙げられます。	－
運用監視	監視する対象を定義し、その監視方法を設計します。	●
設計評価と改善	本設計書を作成した時点の評価を行います。また、設計を改善する時の方法やルールを定めます。運用の考慮漏れは「とりあえず人手でなんとかする」形になりがちです（いわゆる運用でカバー）。効率を上げられるように継続して改善できるルールを作りましょう。	－
（分割）バックアップ設計	何を対象に、どのような形式でバックアップを取得するのかを設計します。部位によって要件は異なるものであるため、それぞれにおいて適切な設計を行います。例えば、何でもかんでもフルバックアップを取っていたら処理時間もかかりますし、データ量も膨大になってしまいます。	－
（分割）障害復旧設計	障害発生パターンを整理し、そのパターンに対してどのような手順で復旧させるのかを設計します。こちらも部位によって要件は異なるものです。特に重要な部位については「二重障害（同時に複数の個所で障害が発生）」のケースを設計することもあります。	－
（分割）ライブラリ管理設計	アプリケーションプログラムや設定ファイルなど、開発環境～本番環境においてどのように管理を行うのかを設計します。併せて、利用者向けのマニュアルも作成します。	●
（分割）運用手順書	個別の具体的な運用手順書が必要となりますが、本書のまとめ方として運用者自身に必要な作業手順書の作成を行う場所がないため、分割扱いでここに整理しています。システムが出来上がってこないと手順が作れないということもあり、具体的な運用手順書自体はシステム構築終盤で作成していくことになります。	－

SLA:Service Level Agreement。サービス提供者と利用者の間で結ぶサービスのレベル（定義、範囲、内容、目標など）のこと。評価するためにはシステムの稼働実績情報の収集が必要なため、運用に組み込む必要があります。

「運用監視」の例

運用するために必要な監視内容を定義するとともに、それらの実装方法を設計します。運用監視に必要な要素は大きく3つあります。「システムの実行」「システム処理結果の監視」「システム稼働状況の監視」です。

「システムの実行」は、サーバの起動やアプリケーションの実行（バッチプログラムの起動）などです。ある程度のシステム規模になると、運用ツールを使ってツールからサーバに対して指示する形になります。

「システム処理結果の監視」は、プログラムからの応答やログなどを使って監視します。そのうち、ログ監視の実装方式イメージ例は、右図を参照してください。

「システム稼働状況の監視」は、サービスがダウンしていないか、CPUやメモリの使用率は問題ないか、ネットワークトラフィックが溢れていないか、などを監視します。

「（分割）ライブラリ管理設計」の例

運用方式設計に紐づく設計とするかはプロジェクト次第ですが、アプリケーションや設定ファイルの管理方法を設計する必要があります。開発環境でプログラミング、テストを行い、合格したものを本番環境に反映しますが、その反映物を間違えるとまずシステムトラブルとなります。テストした意味がなくなってしまいますね。

1つのプログラムに対する修正案件は1つとは限らず、並行して開発することもあります。バージョン管理と呼びますが、修正元のバージョンを誤ると前回修正した内容がなくなってしまい、それもまたシステムトラブルとなります（プログラムがデグレードした、と言います）。システムの新規構築中でもテストによるバグ修正を行いますので、バージョン管理は超重要なものとなります[12]。

どのような方式・運用で管理するかを設計するのがライブラリ管理設計です。こうした仕組みで有名なのは「GitHub」です。

[12) 初学者にはライブラリ管理の重要性がピンとこないかも知れませんが、管理を一つでも間違えると全ての努力がパアになると肝に銘じてください。

●「運用監視」におけるログ確認方式のイメージ例

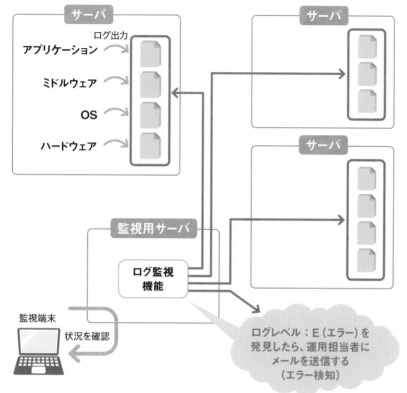

ハードウェアやネットワーク障害によりログが確認できないケースもあるので注意

● ライブラリ管理ミスによるトラブルイメージ（デグレード例）

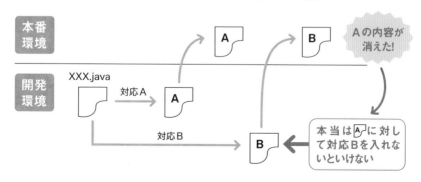

29 外部接続方式設計（全体編）

外部接続方式設計は、システムが外部のサービスやシステムと適切に連携・通信できるように設計を行います。利用する・される両方の設計を行う必要があります。

設計の目的

外部接続方式を正しく設計することで、安定した運用を実現し、かつ安全にシステム連携できるようにします。

設計書作成のステップ

外部接続する必要のあるシステムやサービスを洗い出し、それらに対してどのようなプロトコルで接続するかを整理します。既存の外部システムであれば接続方式がすでに決まっている場合があります。基本的には従う形になりますが、自システムのセキュリティポリシーなどの関係で異なる方式が必要になることもあります。その場合は調整が必要です。

また、自システムが外部接続を提供する場合は、そのインターフェース内容の設計方針などを定める必要があります。

その他、エラー発生時の対処方針や外部とのテスト計画、監視方法などを設計します。

アドバイス

外部接続方式設計は、外部としっかりと内容の認識合わせをすることが非常に大切です[13]。外部接続で問題が発生すると、自社内のトラブルに留まりません。外部サービス側の処理遅延を招いたり、データ誤りの場合はデータを修正してもらう必要が発生します。最悪、損害賠償にも発展する可能性があります。適当な設計は許されません。

※13) 筆者は外部接続担当の経験が長いですが、自システムに詳しいことは当然ながら、接続先システムの仕組み・内情など（契約などの問題もあり）体制上ズバリ確認できない点をうまく把握する力が必要だと感じました。

外部接続方式設計（全体編）の章立てと概要（例）

章	概要	詳細解説
当ドキュメントの目的・位置付け	外部接続方式設計を行う目的と、他設計書との関係性（位置付け）を明示します。	－
外部接続要件	連携する外部システムやサービスを洗い出し、どのようなプロトコル（http、ftp、mqttなど）を使う必要があるか、専用のソフトウェアが必要（HULFTなど）か、などを整理します。双方に準備が必要であるため、なるべく一般的な仕組みの利用が望まれます。	－
外部接続ポリシー	外部と接続する際の基本ポリシーを設計します。接続するルールやセキュリティを意識した設計を行います。接続先とはポリシーが異なることも多いため、その時の考え方（対処方法）についても検討しておきましょう。	●
IF設計方針	自システム側が外部にインターフェースを提供する場合の方針を設計します。	●
IF変更運用設計	外部接続先にIF仕様を公開したり、仕様変更が発生した時にどのように連絡するかを設計します。そのためには自システム内における変更をどのように捉えて、どのように管理するかを決め、その体制についても設計する必要があります。	－
外部接続エラー対処方針	外部接続時にエラーが発生した場合の対処方針を設計します。接続先の仕様にもよるため、自システムの基本方針と、接続先が特殊な場合の方針について設計します。 基本はリトライする（再度同じ処理を行う）方針になると思いますが、場合によっては担当者同士連絡を取り合って状況を確認する必要もあります。	－
外部テスト計画	接続先あってのテストとなるため、いつ、どの環境で、どのレベルのテストを行うのかの基本的な考え方を設計します。 接続先のルールにもよるため、自システムの都合のみでテストすることはできません。接続先ごとに品質をどのように保証するかを考えていく必要があります。	－
外部接続監視	外部システムとの通信状況や、不審なアクセスがないかといった監視を行う必要があります。何をどのように確認するかを設計します。システム開発が必要な機能が出てくることもありますので、ここできちんと整理しましょう。	－
設計評価と改善	本設計書を作成した時点の評価を行います。また、設計を改善する時の方法やルールを定めます。外部接続は、外部の相手と接続する仕組みです。接続先の仕様変更によって、自システムの変更を余儀なくされることもあります。柔軟に対処できるルールを作っておきましょう。	－

🔘 「外部接続ポリシー」の例

外部接続ポリシーの設計には大きく2つの要素があります。**「接続するポイントをどこにするか」**と**「セキュリティを担保するための方式設計」**です。

前者は、例えば自システム内に複数のサブシステムがある場合、外部と接続する基盤を用意して1箇所に集約、そこから外部に接続する、といった設計です。プロトコルによって接続基盤を分けるのか、集約するのかといった考慮も必要です。これらは、運用も含めた管理の効率性や対応コストの兼ね合いで決めることが多いです※14。外部と接続する経路本数が増えると外部システム側にも負荷がかかる（場合によっては利用料が高くなる）こともあるため、しっかりと全体を見据えて設計する必要があります。

後者は、外部システムへの認証・認可をどのように行うかを設計します。基本的には最小限のアクセスしか許可しないように設計します。これはネットワークも含めた設計となります。例えば、外部システムがFTPでアクセスしてきて、その先（自社システム内）にアクセスできてしまうような仕組みになっていると大変危険ですよね。セッションやトークンの長さ（有効期限）やパスワードポリシーなども設計します。

🔘 「IF設計方針」の例

各IF（インターフェース）レイアウトの内容自体はアプリケーション設計時に行いますが、その設計方針を定めます。例えばレイアウトの項目位置や意味を自由に頻繁に変更したとしたら、利用システム側はどうなるでしょうか。都度都度システム対応が必要となり、大迷惑です。契約によっては、外部システムからシステム改修費用を請求されるケースもあります。基本的には相手に影響を与えないような設計方針を定めることになります。

他にも、例えばAPIでは複数バージョンを同時に稼働させることができます。その場合、バージョン採番の考え方や、いつまで過去バージョンを使えるようにするのか、といった設計が必要になります。

※14) セキュリティ面の考慮も必要であるため、一般的には集約して接続する設計方式をとることが多いです。ネットワークの穴は少ない方がよいです。

●「外部接続先ポリシー」におけるシステム構成例

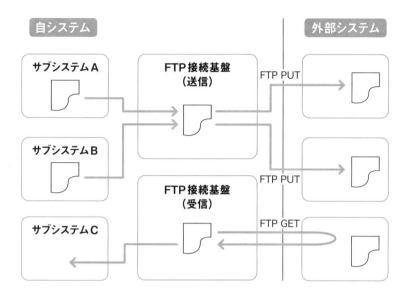

基本的には外部システムから自システムへのアクセスは許さず、
送信の場合はPUT、受信の場合はGETする

●「IF設計方針」におけるテキストファイル設計の例

分類	内容	説明
ファイルの レコード長	固定長	必要な項目の取得位置に極力影響を与えない ため、固定長とする。 今後の項目追加を考慮し、余裕をもったレコー ド長とする。
文字コード	UTF-8	標準となるUTF-8を採用。
改行コード	CR+LF	Windowsシステムを意識した改行コードを採 用。
初期値設定ルール	文字は半角スペース、 数値は0埋め	項目定義に沿って初期値の設定を変えること で、利用システム側の項目定義設計を明確にし やすくする。
項目長 拡大ルール	新項目として追加	項目長が長くなる変更の場合、既存項目はその ままとし、新しい項目として追加を行う。

30 標準化設計

標準化とは、多くの人間が効率よく一定以上の品質を作り込めるようにするための基本ルールです。各種ガイドラインを整備して活用することで、長期的な生産性向上が期待できます。

設計の目的

各種基本ルールを整備することで、開発者間の認識のズレを減らし、効率よく開発を進めることができます[※15]。また、新しい開発者が加わった際にも一定以上の品質を保ちやすくなります。

設計書作成のステップ

まずはどのような標準化やガイドラインが必要となるかを整理しましょう。この後どのような設計書を作成する必要があり、それらの共通点や設計上悩むであろうポイントを考え、基準となるガイドラインを作っていきます。何を標準化すべきかは経験則的な部分が大きいですが、「この処理はパターンA・Bのどちらでも実装できるけど、どちらを選択すべきだろうか」といった迷いが出る点については、ガイドラインを定めることをオススメします。

アドバイス

「標準化が守られているか」を全て人手でチェックしていては、抜け漏れが発生しますし、対応コストも膨大になります。自動化できるところは自動化しましょう。例えばコーディング規約はツールを使えばある程度はチェック可能です。また、標準化に適合するためのコストにも注意が必要です。標準化ルールを守ると処理が煩雑になり、余計にコストがかかる場合もあるためです。ある程度のシステム規模がないと標準化の恩恵は小さくなります。**標準化のやりすぎには注意しましょう。**

※15) 個別最適というよりは全体最適のイメージとなります。システムはできるだけ同じ仕掛けで構築する方が、結果的に管理負荷が下がり、品質も向上できます。

標準化設計の章立てと概要（例）

章	概要	詳細解説
当ドキュメントの目的・位置付け	標準化設計を行う目的と、他設計書との関係性（位置付け）を明示します。	−
開発プロセスの標準化	設計、開発、テスト、リリースといったフェーズとフローを標準化（定義）し、開発チームが共通の認識をもって対応していけるようにします。	−
ドキュメントテンプレート	設計書などのテンプレート、つまり「雛型」を作成します。同じ型を利用して設計することで、設計品質の向上が期待できます。	−
共通化設計ガイドライン	システムは「共通的な処理」を部品化し、複数処理から呼び出すことで効率性や品質を向上させることができます。ここでは共通化すべきかどうかの判断基準を設計します。	−
UI設計ガイドライン	ユーザインターフェース（画面）のデザイン、配置、配色、画面遷移パターンといった設計のガイドラインを作成します。統一感をもったUIとすることで、利用者にとっても分かりやすいシステムとなることでしょう。	−
テーブル設計ガイドライン	テーブル（データベース）に常に追加しておくべき項目（例えば、レコード作成日時）や、日時項目はDATE型を使うこと、といった共通的に必要となる要素を定義します。	−
メッセージ設計ガイドライン	メッセージを表示するための仕組みと、メッセージの表記ルールを設計します。	●
ログ設計ガイドライン	どのようなケースでログを出力するのか、ログのレベル（エラー、警告、情報など）の定義やその使い方などを設計します。より品質を均質化するために、ログに書き込むための共通部品を用意することも多いです。	−
エラー設計ガイドライン	エラーが発生するパターンの説明（一般的に発生しうるエラーパターンを認識し、考慮漏れを防ぎやすくする）や、その時のハンドリング設計方法を定型化します。	−
コード体系設計	コード値の設計ルールを定義します。ISOコード（例えば通貨だとJPY）を使う、項目値は1から採番する（0からとはしない）、といったルールです。	−
コーディング規約	インデントやスペースの扱い、ネーミングルール（変数名のつけ方など）を定義します。ネーミングルールは保守・運用フェーズで特に重要となってきます。例えば、「社員コード」に関する影響調査を行うときに、shain_cd と employee_cd が混在していたら、片方のみの調査で終わってしまうことがあり、調査漏れしてしまいます。	−
設計評価と改善	本設計書を作成した時点の評価を行います。また、設計を改善する時の方法やルールを定めます。あまりにも負荷が高く、非効率な標準化は廃止するなど、柔軟な対応も必要です。	−
（分割）ドキュメント設計	作成すべきドキュメントの体系を整理します。	●

「メッセージ設計ガイドライン」の例

　メッセージ、つまり利用者の目に触れる文章に関してのガイドラインを整備します。例えば「更新しました」といった表記のことですね。

　まず、どのようなメッセージの出力方式を採用するのかを設計します。多言語化（日本語だけではなく英語表示もしたい）といった要件がある場合は、大がかりな仕組みが必要となる場合もあります（右図参照）。

　メッセージの出力は極端な話、ソースコードに直接記述しても出力できてしまうため、ガイドラインを作成しておかないと好き勝手な実装となりがちな部位です。ソースコードは極力変更しない方が安全です。メッセージを変えたいだけでプログラム修正を行うのは、保守・運用を考えると得策ではありません。メッセージ文言そのもの（更新しました）という情報自体は、ファイルやテーブルなど、ある程度変更しやすい部位で管理することが望ましいでしょう。頻繁に更新が発生するのであれば、メッセージを直接変更できるような管理画面を作るのも一つの手です。

　方式が設計できれば後は表記ルールです。これはまさに見た目の問題です。例えば「ですます調で表現する」といったことから、「お問い合わせ・お問合せ」のような、同じ意味だけどどちらかの表記に統一しておいた方が見た目がよい、といった細かなことまで決められるとよいでしょう[16]。

「（分割）ドキュメント設計」の例

　本システム構築において、実際に設計が必要となるドキュメントを定義します。担当者によって採択する設計書やテンプレートが異なると、やはり品質に大きなバラつきができてしまいます。

　ドキュメントツリーのようなイメージ（右図参照）となります。実際の設計に入る前に整理することで、重複感のある設計書の作成を回避しやすくなりますし、対応費用の見積もりやその妥当性の確認にも使うことができます。もちろん、設計品質の向上にも寄与します。

※16）表記に揺れがあっても致命的な問題ではないかもしれませんが、利用者の目に直接触れる部分でもあり、正直ダサいです。ひいては、システム自体の品質も疑わしく見えてしまいます。神は細部に宿る、です。

「メッセージ設計ガイドライン」における多言語化の処理イメージ

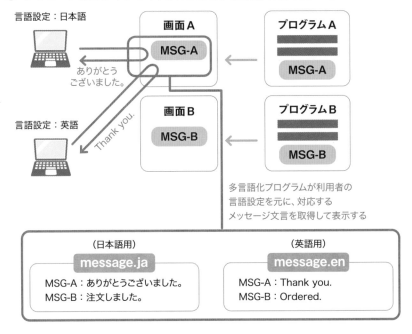

言語設定：日本語

画面A

MSG-A

ありがとう
ございました。

プログラムA

MSG-A

言語設定：英語

画面B

MSG-B

Thank you.

プログラムB

MSG-B

多言語化プログラムが利用者の
言語設定を元に、対応する
メッセージ文言を取得して表示する

（日本語用）

message.ja

MSG-A：ありがとうございました。
MSG-B：注文しました。

（英語用）

message.en

MSG-A：Thank you.
MSG-B：Ordered.

「（分割）ドキュメント設計」の例

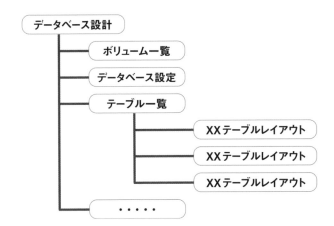

データベース設計

ボリューム一覧

データベース設定

テーブル一覧

XXテーブルレイアウト

XXテーブルレイアウト

XXテーブルレイアウト

・・・・・

31 テスト方式設計（全体編）

業務で利用する環境を本番環境と呼びますが、正しく動くかどうか分からないプログラムを本番環境でいきなり動かすわけにはいきません。どのようにテストを行い品質を積み上げていくのか、その方式を設計する必要があります。

設計の目的

テスト方式を規定することで、全てのアプリ・インフラの品質を確保し、かつ効率的に実施することができます。また、テストに必要な環境を事前に準備することができます。

設計書作成のステップ

どのようなテストが必要かの整理を行います。そして、それらのテストをどのように実施するかを設計します。

その他、テストを効率良く実施するためのツールの構築や活用、その利用方法も設計します。ツールとは、例えばテスト用データを作成するプログラムであったり、別環境からデータをコピーしてくるプログラム、テスト打鍵の自動実行、エビデンス（テスト実施結果の証跡）の自動取得、などです。これらのツールに不具合があると、それらを使って実施したテスト自体の品質が疑わしくなります。特に入念な品質確認が必要です。

テスト実施に必要なテストケースやデータの作成方法、進捗管理、テスト開始・終了基準、評価方法といった計画も設計します[※17]。

アドバイス

テストは、いかに正しい環境を準備し、正しく実施するか。そして、より効率的に実施できるか。それに尽きます。**有識者のレビューを受け、「実は意味がなかったテスト」とならないように注意しましょう。**

※17) テスト計画については「プロジェクト計画」の中で定義することもあります。本書はマネジメント寄りの内容は範囲外としていますが、とは言え重要ですので当設計に含めています。

⊙ テスト方式設計（全体編）の章立てと概要（例）

章	概要	詳細解説
当ドキュメントの目的・位置付け	テスト方式設計を行う目的と、他設計書との関係性（位置付け）を明示します。	－
テスト定義	実施するテストを定義し、その目的を整理します。また、実施環境も定義します。	●
テスト環境とその特性	用意するテスト環境とその特性を整理します。特性によっては、テスト実施時に考慮が必要な点が出てきます。例えば性能テストを実施する際、本番環境との（ハードウェアの）性能差異を理解していないと、妥当な評価ができないでしょう。	●
テスト環境利用ルール	様々な開発チームが好き勝手にテストを実施すると、お互いにテストが失敗してしまいます（プログラムのバージョンがおかしい、データがおかしい、お互いに性能影響が発生する、など）。テスト環境を利用するためのルールを設計し、それぞれのテストが正しく実施できるようにします。	－
テストツール設計	テストの実施を効率化するツールを設計します。一般公開されているツールや有償ツール、もしくはツール自体を構築するケースもあります。ツールを構築する場合は、それらの設計、開発、テストも必要となります。	－
テスト計画	テストケースやテストデータの作成方法、テストの評価方法、テストの進捗管理、テストの開始・終了基準、テスト成果物などを設計します。この計画を元に、個々のテストに合った個別のテスト計画を作成します。	－
設計評価と改善	本設計書を作成した時点の評価を行います。また、設計を改善する時の方法やルールを定めます。	－
（分割）テストツール利用マニュアル	テストツールの内容と、その利用方法や注意点を説明します。誤った使い方をしてしまうとテスト実施自体が失敗してしまうこともあります。テスト再実施となると、工数に大きな影響が出ます。たかがマニュアルと考えずに、ミスが起こらないように正しく伝える必要があります。	－

4

全体設計

💿 「テスト定義」の例

　まず、品質を積み上げていくためにはどのようなテストが必要かを定義します。もちろんアプリ・インフラの双方においてテストが必要です。ただし、幸いなことにシステム構築において必要なテストはおおよそ決まっています。それらをベースにして、構築するシステムの特性に合わせて増減させて定義するのが効率的でしょう。

　そして、それらのテストにおけるテスト目的を整理します。基本的には、細かい部位から正しさを確認し、徐々に確認する範囲を広げていき、最後は全てを通して、という流れになります（Section 04「V字モデル」も参照）。これらのテストを積み上げることで、最終的な品質を確保します。抜け漏れがないかをしっかりと確認しましょう。また、後述する「テスト環境」のうち、どのテスト環境で実施するかも整理しましょう。

💿 「テスト環境とその特性」の例

　用意するテスト環境と、それらの環境の特性を整理します。もちろん、実際に準備するテスト環境をベースに整理します[18]。また、規模や体制によってはそれらを複数セット用意する必要もあります。例えばスケジュール上、性能確認環境を多くのシステムが活用すると分かっている場合、1セットだとスケジュールが守れないかもしれません。構築時、運用時の状況を考えて設計する必要があります。一番のネックはやはりコスト面となります。本番環境ならいざしらず、**一般的にはテスト環境は売上に貢献しません。できるだけミニマムに、ただしテストはしっかりとできるように、というのが至上命題としてあります。**

　なお、クラウド利用であれば、比較的低コストで環境を用意することができます。利用時のみ課金されるサービスがほとんどですので、オンプレミスのように環境を遊ばせておくようなことはないためです。ただし、性能テストの実施については要注意です。高負荷をかけるようなテストは認められていない、もしくは事前申請が必要、といったケースがあるためです。

[18) 各環境のインフラ構成が異なるイメージ図は、Section 15「各環境によって設定が異なる(例)」を参照してください。

98

⊙「テスト定義」の例

テスト名称	目的	実施環境
単体テスト	個々のプログラムや設定を独立してテストし、設計通りの挙動であることを確認。	開発・テスト環境
結合テスト	プログラムや基盤同士の連携など、設計通りの連動した挙動であることを確認。	開発・テスト環境
総合テスト	設計した業務の通りに挙動することを確認。	開発・テスト環境
受入テスト	内容は総合テストに近いが、発注側・エンドユーザにて検収確認として実施する。	業務訓練環境
運用テスト	システム運用が設計通りの挙動であることを確認。	開発・テスト環境
外部接続テスト	外部接続先との接続が設計通りに挙動することを確認。	開発・テスト環境 本番環境
セキュリティテスト	セキュリティ観点において設計通りに挙動することを確認。脆弱性診断なども活用。	開発・テスト環境 本番環境
性能テスト	最終的には、非機能要件で定義した性能が満たせていることを確認。特に性能を考慮する機能については、単体テストレベルから性能観点を組み込む方がよい。	開発・テスト環境 性能確認環境 本番環境
障害テスト	主に、ハードウェア故障が発生した時に設計通りにリカバリできるかを確認する。障害発生時のアプリケーション挙動についても確認が必要。ただし、本当に故障させるわけにはいかないので、故障したと見立てての確認となる。	開発・テスト環境 性能確認環境 業務訓練環境 本番環境
移行テスト	本番環境にプログラムなどを反映(リリース)する時の方式や作業内容の妥当性を確認する。ツールを使ったリリースを行う場合もあるため、その場合はツールの品質確認も必要。	開発・テスト環境 業務訓練環境 本番環境

Section 04「色々なテスト名称」も参照

⊙「テスト環境とその特性」の例

環境	特性
開発・テスト環境	・各開発チームに専用環境を貸与 ・ただし、仮想環境であるため、単体性能も本番環境より劣る ・データはテスト用
性能確認環境	・本番に近い性能確認を行う環境 ・サーバ単体性能は本番同等だが、台数は本番よりも少ない ・データは本番相当の内容を利用可。個人情報の取り扱いに注意
業務訓練環境	・サーバ単体性能も本番より劣り、最小台数構成 ・データはテスト用
本番環境	・本番業務を稼働させる環境 ・厳重なアクセス統制

32 移行方式設計（全体編）

「移行」というと幅の広い意味となりますが、ここでは新システムを構築し、現システムなどから新システムを使うためにシステムの切り替えやデータの移動を実施することを指します。

設計の目的

現システムから新システムへの移行方法を明確にすることで、必要となるタスクを洗い出します。また、必要な開発物件についても洗い出すことで、実現可能なスケジュール[19]、必要なコストを算出することができます。

設計書作成のステップ

まずは移行の要件（前提）を整理します。この要件次第で移行計画の内容が大きく変わります。前提を漏らさないようにしましょう。

移行計画ができたら、業務、システム、データにスポットをあてて設計を進めます。また、対処方法としては業務（オペレーション）で対処するか、システムで対処するかに分かれます。システムで対処する例としては、システム移行過渡期に必要なプログラムや接続の構築、データの移行ツールの構築、といったものが挙げられます。もちろんこれらの設計、開発、テストが必要となります。開発物件一覧として整理し、対応を進めていくことになります。

アドバイス

現システムが巨大であればあるほど、移行にかかるコストは飛躍的に大きなものとなります。本当にその移行計画で進めるのか、という判断は重要です。有識者のみならず決裁者や業務責任者も含めて判断すべきです。後戻りは難しいものがありますので、合意形成して進めましょう。

---

[19] 新システム構築ばかりに目をとられ、いざ新システムを使おうと思ったら全然準備が足りずに当初のスケジュールがまったく守れなかった……とならないようにしましょう。本番データを使ったテストが必要など、移行ならではの大変さもあります。

◉ 移行方式設計（全体編）の章立てと概要（例）

章	概要	詳細解説
当ドキュメントの目的・位置付け	移行方式設計を行う目的と、他設計書との関係性（位置付け）を明示します。	－
移行要件（前提）	移行の前提を整理します。業務的な前提（リスクを減らすために段階的に切り替え、など）やシステム的な前提（〇〇制度の開始までに移行が完了している必要がある、など）を整理します。	－
移行計画	移行に向けて実施する必要がある全てのタスクを計画します。システム目線のみならず、新システムを利用するための業務トレーニングといった必要なタスクも盛り込みます。	－
業務移行設計	新システムを利用するために、業務としてどのような対応を行う必要があるのかを設計します。業務で行うこと、システムで行うことを明確にし、漏れがないようにすることが大切です。	－
システム移行設計	現システムから新システムにどのように切り替えていくかを設計します。内容に応じて開発すべき物件（設計やプログラム）が発生します。	●
データ移行設計	現システムから新システムにどのようにデータを移動するのかを設計します。こちらも内容に応じて開発すべき物件（設計やプログラム）が発生します。	●
開発物件一覧	システム移行やデータ移行に必要となる開発物件（設計やプログラム）を一覧化します。これらについて、設計、開発、テストが必要となります。	－
設計評価と改善	本設計書を作成した時点の評価を行います。また、設計を改善する時の方法やルールを定めます。	－

規模によっては「全体編」だけではなく、個々のシステム（サブシステム）ごとに移行計画を作成することもあります。それぞれのシステムで特性や対応内容が異なる場合は、無理に全体編としてまとめるとよく分からないことになるためです。体制なども鑑みて、活動しやすい単位で設計書を作成しましょう。

4

全体設計

「システム移行設計」の例

　移行要件（前提）を満たせるように設計する必要があります。加えて、その移行方式におけるリスクやコストも考えなければいけません。例えば、現システムから新システムに1タイミングでガツンと切り換えるのは設計面ではある程度楽です。しかし移行後、数日してから大問題が発覚した場合の影響は非常に大きなものとなります。現（旧）システムを使おうにも、その数日間に更新されたデータは新システムにしかなく、そのままでは現（旧）システムは使えないことが多いためです。

　こうした移行方式は、大きく3つあります。上記のような**1回で切り換える方式、段階的に切り換える方式、現新両方を利用して品質確認後に現を閉じる方式、です**[20]。段階的に切り換える方式には、機能ごとに切り換える（右図参照）方式、利用者単位で切り換える方式の2つがあります。後者は部署単位で新システムの利用タイミングを変えるような形です。

「データ移行設計」の例

　現システムから新システムにデータを移行する場合、そのままコピーだけで済むのであれば楽ですが、通常はそうはいきません（そのままであれば、同じシステムですね……）。データ単位が異なる、項目が異なる、新システムには該当する項目がない、新システムにしかない項目がある、などです。また、同じ項目のように見えても、まったく別の意味である場合もあります。これらは1項目ずつ確認していくしかありません。「データマッピング」という形で設計するのがオススメです（右図参照）。

　また、こうした複雑なデータマッピングを人手で新システムに登録するのはほぼ不可能でしょう。そうなると、何かしらの移行ツールを構築する必要があります。移行ツールは、移行時にしか使いません。要するに使い捨てです。品質や作業ボリュームを考え、人手で行うのとどちらが費用対効果が高いのかを検討しましょう。

※20) 採用する方式によって、必要となる開発物件が大いに変わります。つまり、コストも大いに変わります。リスクを鑑みてどの方式を採択するかは、非常に重要なポイントとなります。

➡「システム移行設計」における機能ごとに切り換える例

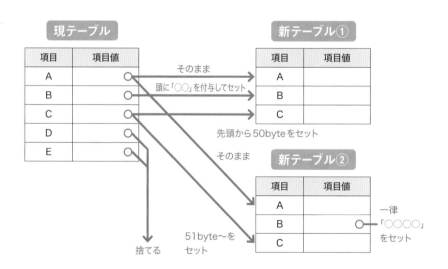

➡「データ移行設計」における項目マッピングの例

こんなにも全体設計が必要なの？

　代表的な全体設計を説明してきましたが、いかがでしたでしょうか。初学者からすると思い描いていたシステム設計とは異なるものも多かったかもしれません。しかし、これがシステム設計です。画面やデータベース、ロジックの設計といったイメージが強いかもしれませんが、そもそもとして、その方向性を定める設計が必要となるわけです。

　これらの全体設計ですが、常に全てが必要かと言うとそれは状況次第となります。システムは、規模が大きくなればなるほど関係者が多くなります。つまりは意思統一が難しいということであり、コミュニケーションコストが莫大に膨れ上がっていきます。そういった中でも全体として品質を保ち、効率よく、できるだけやり直しを避けるように進めていく。こうした知見が、全体設計として形作られてきました。

　正直、筆者自身が全体設計の整理を甘く見ていました。本書を企画した当初はもっと軽いものだと考えていました……しかし、あらためて整理するととんでもない量になり、本書の中でも最大のページ数の章となりました。いわゆる上流工程であり、全行程におけるコスト割合としては小さめです。しかし設計書の種類として考えた場合、下流工程は同じような設計を大量に行います。例えば、テーブルレイアウトは1つの説明で済みますが、設計書としては何十、何百と作成するのでコストがかかるのです。それに対し、上流工程はほぼ一つのドキュメントが成果物となりますが、その内容は膨大なものです。あらためて考えると当たり前なのですが……。

　どのような設計があるのか、という本書の目的を達成するために一番苦労した章でもあります。実のところ、半分ほど執筆した後にこれだと分かりにくいと判断してボツとし、書き直した章でもあります（執筆活動で、初めてです……）。いかにして全体感をつかんでいただき、個々の内容もイメージしていただけるか。多くの方にアドバイスや知見をいただきつつ、なんとか仕上げました。細かなところまで説明はできませんでしたが、雰囲気だけでも感じ取っていただけますと幸いです。

CHAPTER 5

入出力設計

いよいよ個々の設計に入っていきます。まずはイメージしやすい「入出力設計」です。画面や帳票、他システムとやりとりするためのデータ、はてはメール文面など。人やシステムがやりとりするための形や処理を設計していきます。

33 設計書一覧

入出力の形によって設計書に書くべき細かな要素は変わってきます。画面のある
システム、帳票を出すシステム、メールを送信するシステム……システムとして
入出力させる仕様を全て決定していきます。

入出力設計で実施すること

入出力に関する要素を一つずつ設計していきます。そうした個別の設計に
加えて、それらを管理するための一覧表を作成します。

各設計書においては、利用するプロダクトによって必要な要素が変わりま
す。本Sectionではよくある入出力設計を一覧として提示しますが、これが
世の中に存在する全ての設計書一覧ではありません。設計のエッセンスを捉
え、必要な形で設計を実施してください。

**入出力設計の分類を「画面系」「帳票系」「IF（インターフェース）系」「そ
の他」としました。** また、こうした入出力の内部処理（例えば、項目AとB
を合算する処理）については7章「ロジック設計」で実施します。

● 設計書一覧

分類	設計書名	設計種類	設計書概要	詳細解説Section
画面系	画面一覧	管理系	画面の一覧を管理します。	34
	画面遷移図	個別系	画面の遷移を設計します。	35
	画面共通部位一覧	管理系	「画面共通設計」で出てくる部位を一覧化した設計書です。どのプログラムで利用するかも管理しましょう。	–
	画面共通設計	個別系	画面共通部位に対するレイアウトを設計します。	36
	画面レイアウト	個別系	画面の見た目や、ボタンを押した時に何のイベントを呼ぶのかを設計します。	37

画面系	画面生成設計	個別系	画面を生成するために、どのデータベースの情報を取得して情報を表示するか、といった生成に必要な情報を設計します。画面レイアウトに対して付与していくことが多いです。	–
	画面入力設計	個別系	入力項目のチェック要領などの設計を行います。	38
帳票系	帳票一覧	管理系	帳票の一覧を管理します。	–
	帳票レイアウト	個別系	帳票のレイアウトを設計します。	39
	帳票作成設計	個別系	画面生成設計の帳票版です。	–
IF系	外部接続先一覧	管理系	外部接続先の一覧を管理します。	40
	外部IF一覧	管理系	IFの一覧を管理します。	–
	外部接続方式設計	個別系	外部接続の方式を設計します。	41
	接続仕様書（利用システム向け）	個別系	利用システムに向けた接続仕様書です。利用者目線で書く設計書となります。接続手順や注意点を説明します。	–
	IFレイアウト	個別系	IFの定義を設計します。	42
	API一覧	管理系	外部IF一覧のAPI版です。	–
	API接続方式設計	個別系	外部接続方式設計のAPI版です。	–
	API接続仕様書（利用システム向け）	個別系	接続仕様書（利用システム向け）のAPI版です。	–
	APIレイアウト	個別系	IFレイアウトのAPI版です。	–
その他	送信メール一覧	管理系	送信メールの種類の一覧を管理します。	–
	送信メール設計	個別系	送信メールの内容を設計します。	43
	メッセージ一覧	管理系	メッセージ（画面、ログなど）に表示するメッセージコード、そのメッセージ内容を管理します。	–

34 画面系：画面一覧

システムで作成する画面の一覧表です。ただし、一覧表として管理する項目に決まりはありません。ではどのように管理項目を決めればよいでしょうか。サンプルを交えて見てみましょう。

💿 設計の目的 管理系

一覧化することで、各画面の構成パターン（例. 一覧・詳細・更新）や画面の粒度に問題がない（例. なぜか更新画面が複数ある）かが確認できます。また、必要な情報へのアクセスをしやすくします。

💿 設計書作成のステップ

管理に必要な情報（項目）を決めて、画面を一覧化します。システムアーキテクチャによっては「画面」という単位に悩むこともありますので、この一覧表を何に使うかを考えて単位を決めます[※1]。

管理する項目についても同様です。その項目の利用用途を考えて設定していきます。例えば、新たに作成する画面に「画面ID」を付与する場合を考えてみましょう。既に割り当てたIDやそのルールが分かる方がよいので「画面ID」を管理しておきましょう、となります。

他にも画面がパーツ（複数の画面で使われる、画面の一部分を担う画面）である場合、どの画面でそのパーツを使っているかの情報があった方が、システム影響が確認しやすいといったメリットがあるでしょう。

💿 アドバイス

一覧表は、システム目線（システム的な設定値）は当然ですが、**人間が見た時の利便性も考慮しましょう。**画面IDでシステムは作成できるかもしれませんが、画面（日本語）名称がないと人間には分かりづらいですよね。

[※1] 一般的にはURL単位となりますが、フレーム構成であったり、SPA（シングルページアプリケーション）と呼ばれる仕組みだと画面内にあるパーツ単位の方がよいかもしれません。

画面一覧のサンプル

#	対象サブシステム	URL	画面ID	画面名称	画面タイプ	必要権限(ランク)	画面プログラム	・・・	一覧更新日
K-001	顧客管理	/customer/index	K001-0001I	顧客情報一覧画面	参照	20	customer_index.jsp	・・・	2023/6/1
K-002	顧客管理	/customer/show	K001-0011I	顧客情報詳細画面	参照	20	customer_show.jsp	・・・	2023/6/1
K-003	顧客管理	/customer/edit	K001-0021U	顧客情報更新画面	更新入力	40	customer_edit.jsp	・・・	2023/6/1
K-004	顧客管理	/customer/edit_preview	K001-0022U	顧客情報更新確認画面	更新確認	40	customer_edit_preview.jsp	・・・	2023/6/1
K-005	顧客管理	/customer/update	K001-0023U	顧客情報更新完了画面	更新完了	40	customer_update.jsp	・・・	2023/6/1
C-001	注文管理	/order/index	C001-0001I	注文一覧画面	参照	20	order_index.jsp	・・・	2023/6/15
C-002	注文管理	/order/show	C001-0011I	注文詳細画面	参照	20	order_show.jsp	・・・	2023/6/15
C-003	注文管理	/order/new	C001-0020U	注文新規画面	新規入力	40	order_new.jsp	・・・	2023/6/15
・・・	・・・	・・・	・・・	・・・	・・・	・・・	・・・	・・・	・・・

画面一覧によく掲載する要素

・画面そのものに関する情報(画面IDや画面名称、利用権限など)
・画面に関するプログラム情報(呼び出すプログラム名や利用対象テーブル名など)
・該当プログラムに関する設計書情報
・該当画面を管理するシステムやチーム名
・一覧自体を更新した情報(更新日や更新理由など)
・注意事項(通常の設計パターンとは異なる情報など)

35 画面系：画面遷移図

画面が1つのみというシステムは、普通はないでしょう。何かボタンを押したら他の画面に移動する。そのような移動を整理したものが、画面遷移図です。設計書上、各画面をどのように配置するかは見やすさのセンスが問われます。

🔘 設計の目的 （個別系）

遷移を整理することで流れが分かりやすくなり、どのようなプログラムを作ればよいのかが整理できます。

🔘 設計書作成のステップ

画面と画面のつながりを線でつないでいきます。1つの画面遷移図で書く範囲を決めて、その単位で設計していきます。多くの画面がある場合、各画面遷移図の関係性を表すような関係図も作成しましょう。ポイントは、全体のどこの部分の画面遷移を表現しているのかを分かるようにすることです。

各画面には、画面IDといった対象が特定できる要素も記載します。設計書は、最終的にはプログラムや定義と紐づかなければ意味がありません。条件分岐するパターンやエラー発生時の遷移先も書きましょう。

遷移の矢印は一方向が基本です。双方向の場合は二本の線で描きます。図と線のみである必要はなく、必要な情報（コメント）は記載してください。遷移が分かることが大切なので、見た目も重要です[2]。

🔘 アドバイス

各設計を横並びで見た時にズレが生じることがあります（同じ処理パターンなのに、遷移順が違う、など）。こうしたズレは利用者からすると大きなストレスとなります。**個々の設計でOKではなく、全体との整合性も確認するようにしましょう。**

※2）遷移が複雑だったり数が多かったりすると、線があちこちに飛び見づらくなりがちです。その場合は「①へ」のようにするなど、無理に線で結びつける必要はありません。

画面遷移図のサンプル

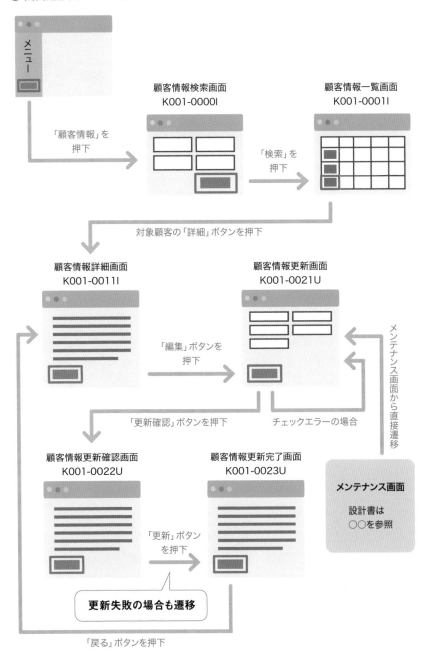

36 画面系：画面共通設計

複数画面で共通の表示をすることがあります。例えば、ヘッダやフッタ、メニューなどです。画面レイアウトの1つではありますが、そうした共通部分の設計を行うのが「画面共通設計」です。

設計の目的 個別系

複数画面共通の部分を設計することで、各画面設計での見た目や操作感を合わせることができます。もちろんプログラムの作成も集約化（重複を排除）できますので、生産性も高くなります[3]。

設計書作成のステップ

まずは「共通」となる部分を決めます。システムを通して共通の部位もあれば、特定のパターンで共通となる部位もあります（特定の業務のみ追加でサブメニュー領域を表示する、など）。数が多くなる場合は「画面共通部位一覧」のような形で一覧管理しましょう。

共通となる部位が決まったら、それらの画面レイアウトを定義します。共通で利用しますので、使う画面によって表示する中身を変えたくなることは十分にありえます。何の機能を使っているのかを視覚的に判断しやすくするためにヘッダ背景色を変える、などもそうですね。そうしたことが分かるようにコメントを加えます。

アドバイス

全体のヘッダやフッタといったものは対象としてイメージしやすいですが、個々の設計をしていく中で「これは共通化した方がよいのでは？」と気がつくこともあります。**共通設計→個々の設計という流れにとらわれすぎず、状況が許せば、より適した形となるように変更していきましょう。**

※3）共通化しすぎると、逆に小回りが利きづらくなる（個々の要件に対応しづらい）というデメリットはあります。また、共通部分を修正する時に影響範囲が大きくなるのもデメリットです。どの単位で共通化するのがよいかはよく検討しましょう。

● 画面共通設計のサンプル

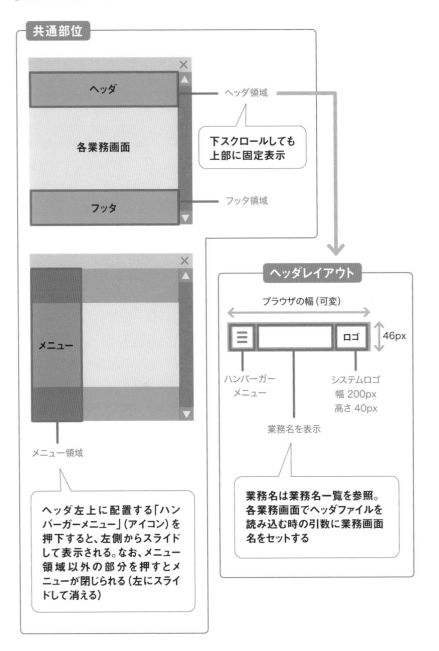

共通部位

ヘッダ

各業務画面

フッタ

ヘッダ領域

下スクロールしても
上部に固定表示

フッタ領域

メニュー

メニュー領域

ヘッダ左上に配置する「ハン
バーガーメニュー」(アイコン)を
押下すると、左側からスライド
して表示される。なお、メニュー
領域以外の部分を押すとメ
ニューが閉じられる(左にスライ
ドして消える)

ヘッダレイアウト

ブラウザの幅(可変)

ロゴ

46px

ハンバーガー
メニュー

システムロゴ
幅 200px
高さ 40px

業務名を表示

業務名は業務名一覧を参照。
各業務画面でヘッダファイルを
読み込む時の引数に業務画面
名をセットする

37 画面系：画面レイアウト

個々の画面のレイアウトを設計します。紙とは違い、画面は動的（ボタンを押したら表示エリアが増える、など）に変わる要素があります。そうした設計も漏らさずに行いましょう。

設計の目的 個別系

画面のレイアウトを設計することで、画面のプログラムや必要となる機能が洗い出せます。また、画面レイアウトとして作成することで人間が見て分かりやすい形で伝えることができます[※4]。

設計書作成のステップ

画面ごと（よくあるのは画面IDごと）にレイアウトを作成していきます。昨今はスマホでの操作も考慮したレスポンシブレイアウトとすることが必要となることがありますので、設計によってはその2パターン（もしくは複数パターン）のレイアウトを設計する必要があります。

内容としては、レイアウト、つまりどこにどのような情報、入力エリア、ボタンを配置するのかを決めていきます。**標準化設計での方針があればそれに従いましょう。**また、それぞれの機能（ボタンを押した時の挙動など）についても説明をしていきます。それらの機能は、何のプログラムを呼び出すのかも明示するようにしましょう（その処理の具体的な内容は、ロジック設計にて設計します）。

アドバイス

特にブラウザを使ったシステムである場合、利用者の端末環境（ＯＳや画面サイズなど）に依存することも多いです。変に小細工をせずに、多くの環境で問題が発生しないような設計が求められます。

※4）もう一手間必要にはなりますが「モックアップ」と呼ばれるものを作ることがあります。表示データは固定ですが、実際にブラウザで触れる形を作って確認できるようにするものです。本物に近いため、認識ズレを避けやすくなります。

● 画面レイアウトのサンプル

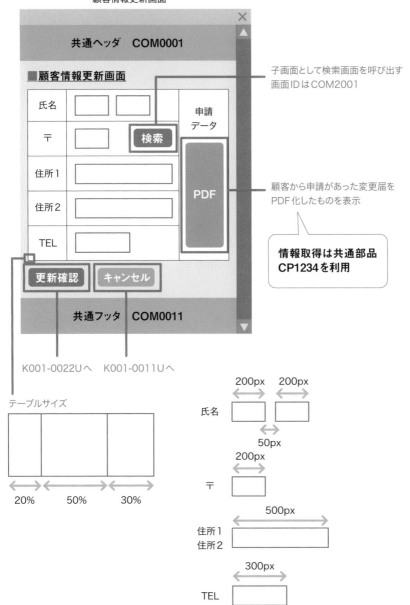

画面ID：K001-0021U
顧客情報更新画面

共通ヘッダ　COM0001

■顧客情報更新画面

氏名		
〒	検索	申請データ
住所1		
住所2		PDF
TEL		

更新確認　キャンセル

共通フッタ　COM0011

子画面として検索画面を呼び出す
画面IDはCOM2001

顧客から申請があった変更届を
PDF化したものを表示

情報取得は共通部品
CP1234を利用

K001-0022Uへ　K001-0011Uへ

テーブルサイズ

20%　50%　30%

氏名　200px　200px　50px

〒　200px

住所1
住所2　500px

TEL　300px

5
入出力設計

115

38 画面系：画面入力設計

画面の入力エリア。システムに情報を登録する入口となりますが、どんな入力値でもOKとするわけにはいきません。画面入力設計で細かく定義していきましょう。

🖴 設計の目的 個別系

入力の定義を厳密に行うことで、どのようなチェックをすればよいかを明確にするとともに、ダウンしづらいシステムを設計することができます[5]。

🖴 設計書作成のステップ

画面上の入力エリアを「入力フォーム」と呼びますが、システムはいくつ

◯ 画面入力設計のサンプル

フォームID	C001-0021U-F001
利用画面ID	C001-0021U

#	項目 日本語名	項目名	必須 入力	形式	数値 （半角）	英字 （半角）	英字 （全角）
1	商品コード	shohin_cd	●	ラベル （変更不可）	●	●	×
2	数量	suryo	●	テキスト （整数のみ）	●	×	×
3	注文日	order_ymd	●	カレンダー	×	×	×
4	注文ユーザ	order_customer	●	プルダウン （シングル選択）	×	×	×
5	発注メモ	memo	―	テキストエリア	●	●	●
6	登録者 アカウント	create_account_ cd	●	隠しフィールド	●	●	×
…	…	…	…	…	…	…	…

※5）想定していない値がデータベースに入ってしまうと事故が発生しやすくなります。プログラムが異常終了してしまい、最悪はシステム全体がダウンすることもあります。

かのフォームをまとめて送信します。そのまとまり単位で設計しましょう。例えばログイン画面だとIDとパスワードのセットですね。

　フォームの各項目について仕様を決めていきます。例えば入力項目の形式（プルダウン、タブ、テキストエリアなど）、フォーマット（数値、文字、日付など）、必須入力かどうか、特殊なチェックの有無（例えば、注文数≦在庫数か）などを設計します。

　また、そのチェックをどの部位で行うのかも整理します。クライアント側（端末のブラウザ内でのチェック）でよいのか、サーバ側でチェックを行うのか、といった設計です。その対応する部位でロジック設計が必要になります。

アドバイス

　ヒューマンエラーが大惨事につながるようなケースや悪意のある攻撃を受けた時のケースも考慮しましょう。前者の例だと、2005年に起きたジェイコム株大量誤発注事件（61万円1株売りとすべきところを1円61万株売りで注文）のように業務的に明らかに異常なケースはエラーとする、などです。

その他文字（半角）	その他文字（全角）	その他	桁数	業務チェック	登録先テーブル	チェック箇所	...
×	×	―	12桁以内	存在する商品コードであること	注文情報テーブル	ク・サ	...
×	×	―	5桁以内	数量 ≦ 在庫数 であること	注文情報テーブル	ク・サ	...
×	×	YYYYMMDD形式	―	―	注文情報テーブル	ク・サ	...
×	×	―	―	―	注文情報テーブル	サ	...
●	●	―	8000文字以内	―	注文情報テーブル	ク・サ	...
×	×	―	―	存在するアカウントであること	注文情報テーブル	サ	...
...	...	...	...	...	...	...	...

ク：クライアント側
サ：サーバ側

117

39 帳票系：帳票レイアウト

帳票とは、領収書や納品書、総勘定元帳など「決まった形式で出力するデータ」のことです。昔は紙で出力していましたが、昨今はPDF化して提供することも多いです。レイアウトを整えるのは意外と厄介だったりします。

設計の目的 （個別系）

帳票レイアウトを設計することで、プログラムで情報を出力する位置を明確にすることができます。また、1枚の枠に入りきるかどうかも確認することができます。

設計書作成のステップ

言わば、画面レイアウトの帳票版です。ただし、画面は比較的表示領域が自由であることに対し、帳票は「1枚に入りきること」「改ページの設計が必要」といった点が大きく異なります。

そうした性質から**1枚目と2枚目以降のレイアウトが異なる場合があります。**1枚目には宛先などの情報＋明細を出力しますが、2枚目以降は明細のみというケースは多いでしょう。その場合は、もちろん1枚目と2枚目以降のレイアウトをそれぞれ設計します。何に出力（紙、PDFなど）するのかも定義しましょう。出力先によってレイアウトに制約がある場合もあります。

アドバイス

一番気をつける必要があるのが「桁落ち（情報落ち）」しないように設計することです。帳票は表示領域が限られています。例えば7桁しか印字しきれない領域があり、そこに8桁、たとえば52,000,000円の値がくると、2,000,000円との印字になってしまうケースがあります[6]。帳票の不備は業務に大きな影響を与えてしまうことが多いため、特に注意が必要です。

---

[6] プログラミング言語やコーディング方法によってはエラーとならないことがあります。それでもテストで発見すべきですが、検知できずに本番稼働してから発覚、大問題となることがあります。

● 帳票レイアウトのサンプル

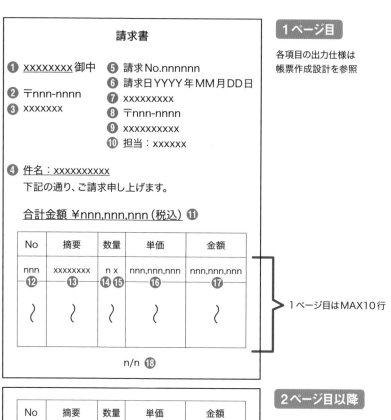

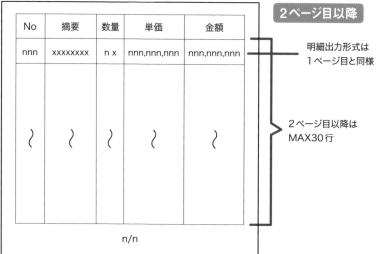

40 IF系：外部接続先一覧

外部接続先、つまり他サービスや他システムとの接続の一覧を作成します。自システムからすると統一した接続方式としてシンプルにしたいですが、相手あってのことですのでそう簡単にうまくはいきません。

設計の目的 管理系

外部接続先一覧を整理することで、システムの連携範囲が明確になり、接続方式のパターンの設計にも役に立ちます。また、ネットワーク設計（通信要件など）にも活用することができます。

設計書作成のステップ

外部接続先を洗い出し、一覧化します。接続先名称や接続方法といった項目を作り、情報を整理します。障害時の対応方針などの運用面における情報も必要です。

➡ 外部接続先一覧のサンプル

#	外部 接続先名	接続ID	接続方式	データ 授受	接続回線	回線帯域
1	データ分析 サービス	FAA	SFTP	双方向	インターネット	100Mbps
2	決済サービス	FBA	FTP	送信のみ	専用線	512Kbps
3	天気予報 サービス	FCA	API	受信のみ	インターネット	100Mbps
4	メール配信 サービス	FDA	SMTP	送信のみ	インターネット	100Mbps
5	アクセス分析 サービス	FEA	HTTP	送信のみ	インターネット	※
…	…	…	…	…	…	…

外部接続の大きな特徴として、接続先によって様々な制約がある点が挙げられます。例えば、9時〜21時しか接続できない、セキュリティ上接続先にはログインできず自システムにデータを取りに来てもらう必要がある、などです。接続先の都合やルールとなるため、基本的には従うしかありません。こうした情報は均一的な項目では整理しづらいので、ある程度柔軟に記入できる項目を用意する方が整理しやすいでしょう（制約：時間関係、など）。

アドバイス

外部接続先一覧は、障害発生時など急いで情報を確認したい時にもよく利用します。 そうした時、システム情報のみならず、接続先との連絡情報（電話番号やメールアドレスなど）が知りたくなります。状況に応じてそのような情報も管理しましょう。

また、外部接続先はこちらのコントロールがきかない世界で変わっていくものです。設計書のメンテナンス方法はよくよく考える必要があります。知らないうちに内容が変わっていた、ということもあります……。

おおよその接続ファイル数(日)	基本的な制約など	障害時の基本対応方針	外部接続先の利用用途	外部サービス提供会社	...
100	同時転送数を5以内とすること。	再度、転送を行う。	データ分析を行うため。	株式会社XXXA	...
10	土日祝を除く9時〜21時のみ接続可能。	状況確認のため、要連絡。	決済処理を行うため。	株式会社XXXB	...
1	1分あたり10回以内のリクエスト数とする必要あり。	時間をおいて、再度処理を実行。	天気予報データを取得するため。	株式会社XXXC	...
50	配信数で課金される。	再度、送信を行う。	メルマガを配信するため。	株式会社XXXD	...
※	※クライアント端末から、直接JavaScriptで接続される。	対処しない。	アクセス分析のため。	株式会社XXXE	...
...	...	...	...	...	...

41 IF系：外部接続方式設計

外部接続先によって許可されている方式が異なるのが一般的です。また、自システムから外部にデータ提供を行うケースがある場合、その提供方式を設計する必要があります。

⦿ 設計の目的 （個別系）

外部接続の方式を設計することで処理を明確にするとともに、接続元・先で認識を合わせる必要がある事項を整理します[7]。

⦿ 設計書作成のステップ

接続する具体的な手順を設計します。接続元・先のどちらが、どのような順番で、何の処理を行うのかを明確にします。

この手順を1つのパターンとして扱い、必要なパターンの分だけ設計することになります。接続するプロトコル（FTP、HTTPなど）が異なれば別パターンとして設計するしかありませんが、例えばFTPであれば、そのパターンはできるだけ少なくすることが望ましいです。本質的にはデータの授受をしたいだけですので、パターンを増やすメリットは基本的にはありません。そうした外部接続先との仕様調整も設計の1つとなります。

⦿ アドバイス

外部接続は障害発生時にフォローしやすい設計としておくことが望ましいです。なぜなら、接続先の状況が自システムでは分からないためです。例えば、ただデータファイルを1つ伝送するだけではなく、データファイル伝送後に「伝送完了したよ」というトリガファイルを送ることで、データファイルの伝送中にエラーが発生しても接続先で勘違いすることがなくなり、自システムとしては再度送信し直せばよいだけになるからです。

※7) 別途、接続するシステム向けに、接続方法を記載した仕様書を提供する必要があります(接続仕様書)。この設計書には、外部としては影響がない「内部仕様」まで公開する必要はありません。不要な情報を提供しないようにしましょう。

● 外部接続方式設計のサンプル

FTPでファイルを伝送するパターン

	送信元	送信先
①	・開始ファイルを作成 ・データの中身はシステム基準日 （YYYYMMDD） **20231231 [EOF]** ・開始ファイルを伝送（FTP PUT） xxx.s →	xxx.s
②	・送信したい実データを伝送（FTP PUT） xxx.txt →	xxx.txt
③	・送信完了ファイルを作成 ・データの中身は実データの ファイルサイズ、レコード件数 **2550 [LF]** **50 [EOF]** ・送信完了ファイルを送信（FTP PUT） xxx.e →	・xxx.eの 受信を監視し、 受信できたら xxx.s、xxx.txtを 取得する xxx.e

42 IF系:IFレイアウト

具体的にどのようなデータをどのような形式で格納するのか。その細かな仕様を定義するのがIFレイアウトです。接続先にも公開する重要な設計書となります。仕様変更に強い設計としておくことも重要です。

設計の目的 個別系

データの仕様を明確にすることで、内部処理としてどのような形式で出力すればよいのかを設計できるようにします。また、接続先にて利用するための情報にもなります。

設計書作成のステップ

基本的にはデータファイル単位で設計します。1ファイル内に複数のデータ定義パターンがあるのであれば、その単位でもかまいません。

大きくは2つの観点の情報を設計します。1つはデータファイルそのものの

◉ IFレイアウトのサンプル

IF名称	顧客基本情報ファイル	区切り文字	なし
IF名	ka01001.txt	文字コード	UTF-8
形式	固定長	改行コード	LF(0A)

#	項目名	開始位置 (byte)	終了位置 (byte)	桁数 (byte)	NULL	タイプ	項目概要
1	顧客コード	1	10	10	×	String	顧客を一意に表すコードがセットされる。
2	顧客名(氏)	11	30	20	○	String	顧客名(氏)がセットされる。
3	顧客名(名)	31	50	20	○	String	顧客名(名)がセットされる。
4	年齢	51	53	3	○	Integer	年齢がセットされる。
5	誕生日	54	61	8	○	Date	誕生日がセットされる。
6	性別	62	62	1	○	Integer	性別がセットされる。
...	...	...	...	...	...	...	...

情報。固定長なのか可変長なのか、区切り文字の有無やそれがカンマなのか、文字コードや改行コードなど、送信先で利用するにあたり必要な情報を定義します[8]。

2つ目はそれぞれの項目情報です。項目名や桁数、項目値、その意味や特別に注意が必要な事項などを設計します。

アドバイス

自システムの内情を知らない開発者が見る設計書でもあります。そのため、自システム内でしか理解できない専門用語や、複数の意味に読み取れるような誤解を招く表現がないかはよく確認しましょう。システム設計力だけではなく、コミュニケーション力も必要となる設計書です。**認識齟齬がきっかけでシステム障害となると、企業間での責任問題に発展する可能性もあります。**

少し話はそれますが、外部接続先からテスト用データの提供依頼を受けることになります。テスト実施のためのデータですので、値のパターンなどの準備が必要になります。システムで生成できればよいですが、タイミングなどの都合もありテストデータ作成用のツール構築が必要なケースもあります。

項目値	項目値説明	項目値例	項目値補足	…
−	−	A123456789	必ず10桁の値をとる。	…
−	−	システム	入りうる文字は、設計書「文字範囲定義」を参照。	…
−	−	設計	入りうる文字は、設計書「文字範囲定義」を参照。	…
−	−	42	誕生日から算出した年齢がセットされる。毎日自動反映。	…
−	−	19810101	−	…
1 2 9	男性 女性 その他	1	−	…
…	…	…	…	…

※8) 環境が異なるシステムが利用することもあるため、OSやミドルウェアレベルでの差異の影響を受けることもあります。設計にはそのような知見も必要になってきます。

43 その他：送信メール設計

送信メールの内容まで設計するものなのだ、と感じるかもしれません。しかし、システムで出力するものはすべからく設計すべきです。ここでは送信メールを例にしましたが、SMSやプッシュ通知なども同様です。

設計の目的 個別系

送信メールの生成仕様を明確にすることで、内部処理として何を実装すればよいのかを設計できるようにします。また、送信メールの内容の品質を一定レベルにすることができます（同一フォーマットで送信できるため）。

設計書作成のステップ

まずここで言う「送信メール」は、個人で利用するようなメーラーを使った話ではなく、**システムが自動で生成するメール、およびシステム画面などからメッセージを入力してシステムでメールを生成して送るような形式を指します**[9]。例えば、システムにログインした時に都度送られてくる「ログイン確認メール」のようなものです。

メールのパターン単位で設計します。項目としてはメールのfrom、to、送信者名表記、ヘッダ、本文、フッタなどがあります。それぞれの内容で可変になる部位がありますので、どこからどのような情報を取得するかを明確にします。

アドバイス

メールは利用者に直接届くものですので、内容には細心の注意が必要です。送り先と本文の名前が食い違っていたら大問題になりますし、本文に貼り付けたURLが誤っていたら意味がありません。必ずHTML形式で開かれるとも限らないため、送信メールの目的を考えて内容を設計する必要があります。

※9) マーケティング系のメールだと、URLがクリックされたことをトラッキングするために各メールごとに個別のURLを付与するなど、一般的なメーラーではできないような処理を行っています。

送信メール設計のサンプル

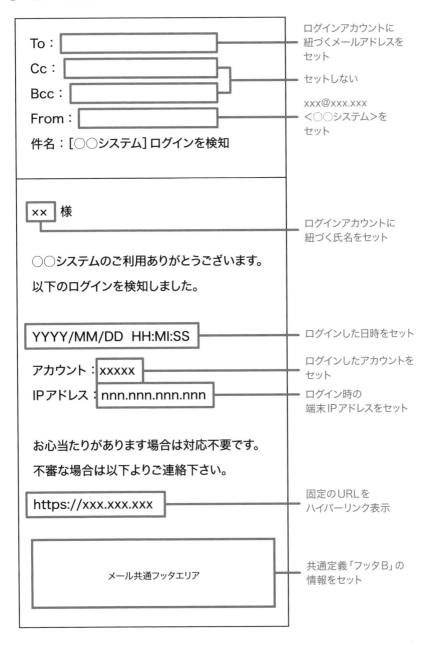

To：　［　　　　　　　　　　　］ ← ログインアカウントに紐づくメールアドレスをセット

Cc：　［　　　　　　　　　　　］ ← セットしない

Bcc：　［　　　　　　　　　　　］

From：　［　　　　　　　　　　　］ ← xxx@xxx.xxx
＜○○システム＞をセット

件名：[○○システム] ログインを検知

×× 様 ← ログインアカウントに紐づく氏名をセット

○○システムのご利用ありがとうございます。

以下のログインを検知しました。

YYYY/MM/DD　HH:MI:SS ← ログインした日時をセット

アカウント：xxxxx ← ログインしたアカウントをセット

IPアドレス：nnn.nnn.nnn.nnn ← ログイン時の端末IPアドレスをセット

お心当たりがあります場合は対応不要です。

不審な場合は以下よりご連絡下さい。

https://xxx.xxx.xxx ← 固定のURLをハイパーリンク表示

メール共通フッタエリア ← 共通定義「フッタB」の情報をセット

入出力設計は、システム知見に加えて コミュニケーション力が必要

　システム設計と聞くとエンジニアが黙々と設計するイメージを持っているかもしれません。しかし、特に入出力設計においては利用者の目に見える部分が多くをしめます。設計者以外の人間が使うものですから、よくコミュニケーションをとって、あるべき姿を設計していく必要があります。設計書を書く人間とコーディングする人間が別であれば、もちろんコーディング担当者ともコミュニケーションを行う必要があります。システム間連携の入出力設計であっても、そのシステムを作る別の設計者とコミュニケーションを取る必要がありますよね。

　設計者はコミュニケーション力も必要ですが、もちろんシステムの知識も必要です。それも、単なる「それは実現できます」というだけでは物足りません。そのシステムの構造やコーディングの特性を理解し、実装の難易度がどれくらいのものなのかを把握している必要があります。利用者のニーズを満たすＡ、Ｂ案があったとして、利用者はどちらでもよかったとします。しかし、コーディングから考えると難易度もメンテナンス性もＡ案の方がよかったとします。そのようなことが把握できていないと「Ｂ案の方が少し見栄えがよさそうなので、Ｂ案でいきましょう」と仕様が決まってしまうことがあります。一度決まった仕様を覆すことは骨が折れるため、そのまま進めることになるでしょう。なんだか残念な設計となってしまいます。

　本来はシステム実装まで考えた時の影響を見極め、（利用者が発注元であれば）そのコスト（メンテナンス費用含む）も含めて説明し、案を採択すべきなのです。優秀な設計者とはそうした行動ができるエンジニアであり、優秀な設計者がいると品質もスピードも上がり、結果的にコストも低くなるという理由はこうしたことにもあります。

　蛇足になりますが、コーディングはできなくても設計はできる、コーディング知識はいらない、といった議論を目にすることがあります。個人的には馬鹿げた議論だと思っています。なぜなら、コーディングができた方がよいに決まっているからです。その気になれば、いくらでもコーディングに触れられる環境はあります。ぜひ、触ってみてください。

CHAPTER **6**

⚙

データベース設計

システム設計の良し悪しはデータの取り扱い方法に依存すると言っても過言ではありません。データベース設計はそれくらい重要な設計です。この先の業務変更、データボリューム、処理性能、保守……未来を想像して設計する力が必要となります。

44 設計書一覧

データベース設計は、データに関する設計を実施していきます。データをどのように分類して保持するか、それらのデータはどのような意味を持つのかを細かく設計していきます。

データベース設計で実施すること

　まずは、どのような器を用意するのかを設計する必要があります。器というのは保存する形式のことで、RDBなのか、NoSQLなのか、それともファイルなのか……といった点です。そして、それらを扱うためのミドルウェア製品が決まったら、ミドルウェアの設定を設計します（ミドルウェアの選定までは、Section 23「システムアーキテクチャ設計」やSection 25「環境設計（全体編）」などで、おおよそは完了していることでしょう）。

　器ができれば、後は実際のデータをどのような形で格納するかを設計していきます。どのような単位で分割するのか（ER図）を設計し、保持するデータの各項目レベル（レイアウト）まで詳細に設計していきます。

　特に、データの持ち方によってアプリケーションの構築難易度や性能が大きく変わってきます。例えば、とある画面に情報を一覧表示しようとした時に、10個のテーブルを結合しながら表示するのと、1個のテーブルの内容をそのまま表示すればよいだけだと、SQL（RDBのレコードを操作する命令文）を書く時の複雑さが全く異なります。だからと言って、1つのテーブルに情報を集約すればよいというわけでもありません。このような構造を設計するER図は、非常に重要な設計となります。

　そして、それらを管理する一覧が必要です。（意図せず）同じようなデータを複数箇所で保有するのは無駄ですし、システムの整合性を損ないやすい構造にもなってしまいます。例えば、同じようなデータが二箇所にあると、更新したはずの情報がなぜ表示されない？　といった混乱を招くことになります。

　設計書の中でも、**レイアウト系の設計書は他の設計者がよく参照する設計書となります。**見やすさはもちろんのこと、誤解されない表現で記載するなど、当たり前ではありますが基本を大切にして設計書を作成しましょう。

● 設計書一覧

分類	設計書名	設計種類	設計書概要	詳細解説 Section
全般	ボリューム一覧	管理系	テーブルやファイルの想定ボリュームを一覧化して管理します。開発が進むとより妥当な値が見えてくるので、定期的に更新していきましょう。	45
RDB	データベース設定	個別系	RDB製品（ミドルウェア）の設定を設計します。	46
	テーブル一覧	管理系	テーブルの一覧を管理します。サブシステムごとに管理するなど、体系立てて管理しましょう。	–
	インデックス一覧	管理系	インデックスの一覧を管理します。インデックスとは索引のことで、参照を高速化するために利用します。	–
	ER図	個別系	テーブル同士の関係性を設計し、図として整理します。	47
	テーブルレイアウト	個別系	各テーブルの項目などを設計します。	48
	CRUD図	個別系	どの機能が、どのテーブルに対して、どのような操作（CRUD）ができるのかをマトリクス表にして管理します。CRUDとは、Create、Read、Update、Deleteの操作を表したものです。	–
NoSQL	データベース設定	個別系	NoSQL製品の設定を設計します。採用するミドルウェア製品によって設定すべきことは様々です。	–
	データ一覧	管理系	データの一覧を管理します。	–
	データレイアウト	個別系	各データの項目などを設計します。	–
ファイル	ファイル一覧	管理系	ファイルの一覧を管理します。	–
	ファイル設計	個別系	各ファイルの利用用途や項目などを設計します。	49

45 ボリューム一覧

ボリュームとは容量のことです。ここではテーブルやファイルの容量（byte）の一覧を指します。ボリュームは性能に影響するのはもちろんのこと、バックアップ時間やインフラ面でのデータ容量準備にも影響します。

🎯 設計の目的 管理系

容量を見積もることで、インフラサイジングのインプットとすることができます。また、大容量となる対象を把握することで、あらかじめ性能を意識した対処を行うことができます。

📀 設計書作成のステップ

まず、各テーブルやファイル、ログファイル、プログラム処理中の中間ファ

➡ ボリューム一覧のサンプル

#	対象	対象ID	形式	想定ボリューム (byte)	1レコードあたり
1	顧客情報テーブル	K01001	テーブル	6,000,000,000	1,000
2	顧客追加情報テーブル	K01002	テーブル	18,000,000,000	3,000
3	注文情報テーブル	C01001	テーブル	3,000,000,000	500
4	注文情報履歴テーブル	C01101	テーブル	36,000,000,000	500
5	顧客情報伝送ファイル	K01001.txt	ファイル	24,000,000,000	4,000
…	…	…	…	…	…

イルなど、データが入る器を一覧化します。そしてそれらについて想定する
ボリュームを算出していきます。あくまでできることは「想定」ですが、そ
の算出方法は妥当性が求められます[※1]。例えば、1レコード1000バイトで、
500万レコード発生する見込み、余裕度1.2倍のため6GB、といった具合です。

　性能を意識した対処が必要だと判断した場合は、そうした情報の色づけが
できるような項目を用意するのもよいでしょう。

アドバイス

　**ボリューム一覧を作成する狙いは、ボリューム全体感の把握と性能対策の
有無を判断するためです。** そのため、本当に小規模なデータまで無理に管理
する必要はありません。検討の漏れを防ぐ意味でも一覧のラインナップ（行）
には登場させておきたいですが、そのあたりは労力も考えながらどうするか
を決めましょう。

| 想定行数 | 余裕度 | 算出根拠 | 性能対策有無 | 性能対策方法 | | | ⋯ |
				INDEX付与	論理分割	プログラムチューニング	
5,000,000	1.2	アカウント数500万を想定	有	○	–	–	⋯
5,000,000	1.2	アカウント数500万を想定	有	○	–	–	⋯
3,000,000	2.0	想定注文数 10万/日 × 30日を想定	有	○	–	–	⋯
36,000,000	2.0	1年分を履歴として確保	有	○	○	–	⋯
5,000,000	1.2	アカウント数500万を想定	無	–	–	–	⋯
⋯	⋯	⋯	⋯	⋯	⋯	⋯	⋯

※1）算出方法については全体で統一した方がよいです。例えば、基礎数値となる想定注文
　　数がバラバラだと、注文数に比例するテーブルなのに想定ボリュームが異なるといっ
　　たことが起きます。

46 RDB：データベース設定

いわゆるミドルウェアの設定を定義する設計[2]となります。データベースを使うための設定を行わないと、実際にデータを格納するテーブルなどを作成できません。開発を進めるためにも早めに設計を行う必要があります。

設計の目的 個別系

データベースの定義を設計することで、要件に耐えうる設計ができているのかが見えやすくなります。もちろん、データベースを利用する環境を整備するためにも使います。

設計書作成のステップ

プロダクト（MySQL、Oracle Databaseなど）によって仕組みや扱える機能が異なりますので、**そのプロダクトでどのような設定が必要となるのかを整理します。** そして要件を満たせるように、設定を設計していきます。

まずインフラ面も絡んだ全体としての構成を設計します。非機能要件に大きな影響がありますので、よくよく要件を確認して設計しましょう。そして、ディスクやメモリの割当サイズ、スキーマなどの具体的な名称の定義、アカウントや権限の具体的な定義を実施していきます。

アドバイス

データベースは巨大になればなるほど、問題が顕著に発生してきます（逆に、小規模であればそこまで神経質にならずともよいかもしれません）。データベースの設定はかなりノウハウが必要な世界となります。あまりよくない設定であっても動作しないわけではないため、問題の顕在化が遅れがちです。その時に修正するとなると、アプリケーションへの影響や改修など、多大なコストが発生することもあります。有識者不在の場合はサポートの利用も検討しましょう。

※2）データベースに関する設定は大変かつ重要なため、本Sectionで取り上げています。その他のプロダクトも設定が必要ですが、それらは9章「サーバ設計」で取り上げます。

◆ データベース設定のサンプルと RAC のイメージ

データベース設定 (全体)

インスタンス構成	RAC
SGA サイズ	6GB
REDO ログサイズ	2GB
…	…

プロダクトに沿った
設定を定義していく!

データベース設定 (インスタンス)

基本インスタンス数	3
インスタンス名	inst
自動拡張表領域	on
…	…

データベース設定 (スキーマ)

スキーマ名	custmer
付与ロール	DBA
…	…

データベース設定 (xxx)

…	…
…	…
…	…

(補足) RAC のイメージ

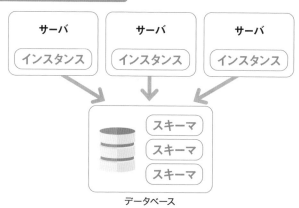

RAC とは「Real Application Clusters」の略で、データベース製品 Oracle Database における可用性を高める手法の一つです。

47 RDB：ER図

ER図とは「Entity Relationship Diagram」の略ですが、これだけだと意味が分かりづらいですね……。簡単に言うと、テーブル間の関係性を整理した図となります。使い勝手や性能面を意識した設計が必要です。

設計の目的 個別系

各テーブルの関係性を整理することで、テーブル設計をスムーズに開始することができます。

設計書作成のステップ

ER図には「概念モデル」「論理モデル」「物理モデル」といった区分けが存在しますが、関係性を示すレイヤーが異なるものであり、基本的に設計したい内容は同じです。例えば、論理モデルでは「顧客情報テーブル」と記載しますが、物理モデルでは「customer_tbl」と記載するようなものです。

図を書く際のキーワードは「正規化」です。 正規化は、データの重複を避けて別テーブル構成にしていきます。例えば「社員名＋部署名＋部長名」のテーブルがあったとします。これでは、部長名が変わった時に、該当する社員のレコードに紐づいている部長名を全て更新しないといけないですよね。正規化すると「社員名＋部署名」「部署名＋部長名」の2テーブルに分かれ、部署名で情報を結合できるというわけですね。そして、それらのレコードの関係性が1対多、多対多といったどれに該当するのかを設計します（例の場合は多対1です）。これらを図にしたのがER図です。

アドバイス

正規化には第1正規形、第2正規形、……と段階があります。正規化するとデータの重複は減らしていけますが、細かくなりすぎてアプリケーションから使い勝手が悪くなることもよくあります。性能・ボリューム・使い勝手の面から何が最適かを設計する必要があるのです。

⬤ ER図のサンプル

ER図（論理）

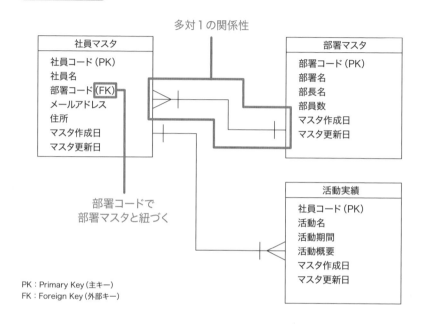

多対1の関係性

社員マスタ
社員コード（PK）
社員名
部署コード（FK）
メールアドレス
住所
マスタ作成日
マスタ更新日

部署マスタ
部署コード（PK）
部署名
部長名
部員数
マスタ作成日
マスタ更新日

部署コードで
部署マスタと紐づく

活動実績
社員コード（PK）
活動名
活動期間
活動概要
マスタ作成日
マスタ更新日

PK：Primary Key（主キー）
FK：Foreign Key（外部キー）

凡例

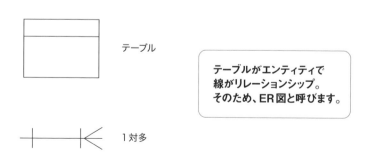

テーブル

テーブルがエンティティで
線がリレーションシップ。
そのため、ER図と呼びます。

1対多

48 RDB:テーブルレイアウト

テーブルレイアウトはテーブル各項目の詳細な定義を設計するものです。テーブルはExcelの表（行・列）をイメージすると分かりやすいかもしれません。列が項目で、行が実データレコードのイメージですね。

設計の目的 （個別系）

各テーブルの項目を設計することで、システムに構築するテーブルそのものを作成することができます。また、各ロジックを設計する上でのインプットにもなります。

設計書作成のステップ

テーブルレイアウトは、作成するテーブル単位で設計します。ER図にある

➡ テーブルレイアウトのサンプル

テーブル名	社員マスタ
テーブルID	employee_tbl

#	項目名日本語	項目名	型	桁数	NOT NULL	PK	FK	FK先	INDEX
1	社員コード	employee_cd	string	10	○	○			○ PK
2	有効無効フラグ	onoff_flag	integer	1	○				○ 1-1
3	社員名	employee_name	string	30					○ 2-1
4	部署コード	dep_cd	string	10			○	部署マスタ:部署コード	
5	性別	gender	integer	1					
6	住所	address	string	500					
7	メールアドレス	mail_address	string	255					
8	マスタ作成日	rec_create_time	timestamp	–	○				
9	マスタ更新日	rec_update_time	timestamp	–	○				
...	...	...	...	...	...	...	...	...	...

サンプルを見て「これだと部署兼務の時はどう登録するの？」と思われるかもしれません。そうです。兼務できません。社員コードがユニーク（重複値登録不可）であるため、1つの社員コードに対して部署が1つしか登録できないためです。その場合は、兼務用の項目を追加する、テーブルを分割する、などの設計が必要になるのです。

テーブル（箱）1つに対して、1つのテーブルレイアウトを作成する形ですね。そして、テーブルそのものの情報（テーブル名、IDなど）と、テーブルに保有する項目を設計します。

RDBでは、検索を高速化するために「インデックス」と呼ばれる定義も作成します。複雑な内容のインデックスであればインデックス用の設計書を作成してもよいですが、項目レベルでインデックスを作成するだけでしたら、テーブルレイアウトの中に記載する形でもよいかと思います。「ビュー」と呼ばれるテーブルを作成する場合は、別途レイアウトを作るのがよいでしょう。

アドバイス

テーブルレイアウトは、データベース上にテーブルを作成するためのプログラム（DDL[※3]と言います）と同義です。そのため、**テーブルレイアウトからDDLを生成できるような仕組みを作ると便利です**。生産性も向上しますし、なにより設計書とシステムのズレを機械的に防ぐことができます。

項目説明	項目値	項目値説明	項目値例	項目値補足	...
社員を特定するコードを表す。	–	–	E123456789	必ず10桁の値をとる。	...
当社員コードが有効か無効かを表す。	1 9	有効 無効	1	削除はレコード削除ではなく、当項目を「9」に更新すること（論理削除）。	...
社員名(日本語)を表す。	–	–	システム設計	–	...
所属する部署コードを表す。	–	–	D000000123	必ず10桁の値をとる。部署マスタ：部署コードに存在する値か、NULLのみ登録可能。	...
性別を表す。	1 2 9	男性 女性 その他	1	–	...
社員の自宅住所を表す。	–	–	東京都中央区XXXXX	–	...
社員のメールアドレスを表す。	–	–	xxx@xxx.xxx	メールアドレスフォーマットであることを確認してから登録すること。	...
レコードを作成した日時をセットする。	–	–	2023:12:31 12:00:00	timestamp形式でセットすること。レコード上はUTC+0基準すること。	...
レコードを更新した日時をセットする。	–	–	2023:12:31 12:00:00	(同上)	...
...	...	...	...	...	...

※3）フレームワークによっては、直接DDLを発行せずそのフレームワークの文法で記述することがあります。フレームワーク内でデータベース定義を管理するためです。

49 ファイル：ファイル設計

ここで述べるファイルとは「ただのテキストファイル」だと考えればOKです。RDBとは違って重厚な仕組みがない分、ファイルは自由に操作できます。逆に、その自由な部分のルールを設計する必要があるのです。

⦿ 設計の目的 （個別系）

そのファイルの目的や内容、使い方のルール、項目情報などを設計することで、各設計において正しく利用することができます。

⦿ 設計書作成のステップ

冒頭で「ただのテキストファイル」と述べましたが、標準的に定義されている形式ももちろんあります。XML、jsonなどです。csvもその1つですね。

➤ ファイル設計のサンプル

ファイル名	顧客情報 Work ファイル
ファイルID	custmer_one_xxxxxxxxxx.json
ファイル形式	json
文字コード	UTF-8
改行コード	LF(0A)
ファイルの目的	画面表示高速化のための中間ファイル。当該情報は大量のテーブルから情報を検索する必要があるため、夜間バッチにおいて顧客ごとのjsonファイルを作成しておくことで表示の高速化、ならびにアプリケーションロジックの簡素化を行う。
ファイル作成方法	当json を作成するのはプログラム：yyyyyyyy にて実施する。作成仕様はプログラム設計書を確認すること。
注意点	項目が存在しないこともあるため、その点を意識して参照すること。

xxxxxxxxxx には顧客コードが入る

#	レベル	項目名日本語	項目名
1	00	顧客コード	customer_cd
2	00	顧客名	customer_name
3	00	配送先	customer_dest
4	10	郵便番号	customer_dest_zip
5	10	住所	customer_dest_address
6	10	電話番号	customer_dest_tel
7	10	配送先氏名	customer_dest_name
8	00	決済	customer_payment
9	10	決済方法	customer_payment_method
10	10	前回利用区分	customer_payment_use
...	...	...	...

> ファイルの基本的な情報とjsonファイルのレイアウトを合わせたサンプルとなります。

標準的な形式を採用すると、読み書き用の部品（プログラム）や整形して見やすくするためのビューアなどがありますので利便性が高いです。まずは標準的な形式が使えないかを検討しましょう。

　ファイルごとに設計を行います。ファイルの目的（何に使うファイルなのか）や、その登録方法や使い方を設計します。例えば、ファイルに書き込まれている順序に意味はあるのか、同じ項目が1ファイル内に存在し得るのか、などです。自由に作成できる分、それを使う側としては様々なケースを気にする必要がありますので、それらが解消できるように設計します。

アドバイス

なぜRDBではなくファイルを使うのか、を意識して設計しましょう。 設定情報やログ、中間データといったものはファイルと相性がよいです[4]。また、ファイルは破損していても気がつきにくいため、そうした確認ロジックの作成も必要になります。よく検討の上、ファイルを選択しましょう。

型	最大桁数	項目説明	項目値	項目値説明	…
数値	10	顧客コードを表す。	–	–	…
文字列	30	顧客名を表す。	–	–	…
配列	–	配送先情報を格納する配列。	–	–	…
数値	7	配送先の郵便番号を表す。	–	–	…
文字列	300	配送先の住所を表す。	–	–	…
文字列	11	配送先の電話番号を表す。	–	–	…
文字列	30	配送先の配送先氏名を表す。	–	–	…
配列	–	登録済みの決済手段を格納する配列。	–	–	…
文字列	2	登録済みの決済方法を表す。	01 02	クレジットカード QR決済	…
数値	1	前回利用した決済かどうかを表す。	1 9	前回利用 前回非利用	…
…	…	…	…	…	…

※4）5章「入出力設計」におけるファイル設計と重なる部分はありますが、ここでは「データの保持方法としてファイル形式を選択することもある」と理解してください。

データベース設計といえば、まずは RDB です

　Section 12『「データベース設計」の概要』でも述べましたが、データベースには大きく「RDB」と「NoSQL」があります。年々、お互いができることは近くなってきていますが、業務データ（例えば顧客情報や注文情報）の保存先をどうするかと考えた時に選択するのはまず間違いなく RDB です。むしろ、よほど NoSQL の利点を活かした使い方ができない限り、NoSQL を選択することはないでしょう。

　その大きな理由は、RDB における「一貫性の保証」にあります。1つの送信で実施すべき一連の処理を1トランザクションと呼びますが、RDB はトランザクションの結果を保証してくれます。例えば、1トランザクションで複数のテーブルを更新しなければならないとしましょう。更新中にエラーが発生して処理が止まったとしましょう。2つ目のテーブルまで更新し、3つ目以降は更新できていない状態となってしまうと、データの状態は不完全なものとなります。

　しかし、RDB では途中でエラーが発生した時、更新したデータを全て元に戻してくれます。つまり、どれだけ処理が長くても、「全て OK」か「全て元の状態か」を保証してくれるため、不整合が起きません。これは原則、ハードウェア障害でエラーが発生した時も含みます。業務データにおいてデータの不整合を許容するようなケースは基本的にないため、よほどのことがない限り RDB を選択することになるでしょう。そもそも、RDB を選択するかどうかという判断すらないかもしれません（RDB のどのプロダクトを使うかは選択すると思いますが）。もしデータベースについて学んでみようと考えた方は、まず RDB を調べてみてください。

　なお、RDB はその仕組みから、データ量が増えると問題が多発し始めます。主に性能問題です。そうしたデメリットを回避する方法の一つとして、NoSQL の各種データベースが選択として使えます。RDB と各種 NoSQL の特性をよく知った上で利用しないとまったく役に立たないシステムになります。（データベースに限らず）プロダクトの選択はシステムの命運を握っていると言っても過言ではありませんね。

## CHAPTER 7

ロジック設計

「入出力設計」「データベース設計」以外のアプリケーション設計は、全て本章のロジック設計としてまとめています。要件を満たすために必要な設計をしてきているわけですが、その中でもロジック設計はかなりシステム・プログラム寄りな設計となります。

50 設計書一覧

ロジック設計は一般的にイメージする「プログラミング」に近い設計かもしれません。採用するソフトウェア設計モデルなどにもよる部分がありますが、最後は個々のプログラムのロジックを設計することになります。

ロジック設計で実施すること

　まずはどのような機能が必要となるかを、様々な設計手法で整理していきます。設計書の書き方自体も数多くありますが、そうした中にUnified Modeling Language（UML）と呼ばれる統一モデリング言語がよく知られています。言語と言っても目的に応じた図とそれを書くルールを整理したような内容で、世界標準で使われている手法です。本書でもいくつかの設計書はUMLをベースとして説明しています。より詳しく知りたい方は、UMLについても確認してください。

　どのような機能が必要かの整理がついてくると、次はそれらをどのような単位で分割していくかを設計します。オブジェクト指向、といった言葉を耳にしたことはありますでしょうか。クラス図に代表されるように、オブジェクトという塊で分割していく手法です。分割できた後は、個々の処理の詳細を設計していきます。プログラミングレベルにどんどん近づいてきたと言えるでしょう。

　本書ではある程度一般的な設計書を提示しましたが、開発フレームワークを使う場合など、そのフレームワーク固有の設計が必要になってきます。その場合は設計すべき要素が網羅できるような設計書の型を用意し、それを活用しながら設計を進めましょう[※1]。

　ロジック設計が、システム稼働のコアとなります。 どれだけ優れたアーキテクチャや全体方針が作れていたとしても、ロジックが破綻しているとシステムは成り立ちません。一つずつ丁寧に設計していきましょう。

[※1]　このあたりが「なぜ会社やシステムによって設計書がバラバラになるのだ」と言われる所以です。もちろん標準化していくべきですが、現実的に難しいところでもあります。様々なパターンを網羅しようとすると、複雑になりすぎて崩壊するためです。

設計書一覧

設計書名	設計種類	設計書概要	詳細解説 Section
機能一覧	管理系	システムに必要な機能の一覧を管理します。大きなシステムの場合はサブシステム>機能カテゴリ>機能 のように、段階を踏んで整理することもあります。	ー
プログラム一覧	管理系	作成するプログラムの一覧です。プログラム = ソースコード(プログラミングするファイルの単位)とイメージして差し支えありません。	ー
クラス一覧	管理系	オブジェクト指向を採用した場合のクラス単位の一覧です。クラス名やその役割説明などを行います。	ー
ユースケース図	個別系	【UML】利用者とシステムのやり取りを明確にし、視覚的に分かりやすく整理するための設計書です。粒度はまだ荒いです。	51
アクティビティ図	個別系	【UML】システムの動作の流れを表現する図です。粒度は中くらいです。	52
クラス図	俯瞰系	【UML】オブジェクト指向でいうクラスの関係性を図にしたものです。	53
パッケージ図	俯瞰系	【UML】クラスのまとまりを整理した図です。とある考え方でまとめた「クラスを入れる箱」のようなものとイメージすると分かりやすいかもしれません。	ー
シーケンス図	個別系	【UML】オブジェクト間のメッセージのやりとりを時系列で表現する図です。	54
処理フロー図(フローチャート)	個別系	個々のプログラムにおいて、その処理の流れを視覚的に整理した図です。粒度は細かいです。	55
データフロー図(DFD)	個別系	データを中心におき、データの流れを整理した図です。どの機能でどのデータが必要となるのかが視覚的に分かります。ただし、DFDだけでは各処理の具体的な内容が設計できない点は注意が必要です。	ー
状態遷移設計	個別系	システムの状態にはどのようなものがあり、どのように遷移していくのかを設計したものです。	56
バッチ全体設計	俯瞰系	バッチ処理の流れを設計します。	57
バッチプログラム一覧	管理系	バッチで稼働するプログラムを管理する一覧です。	ー
処理設計(プログラム仕様書)	個別系	ソースコードレベルの処理内容を記載する設計書です。	58
ログ一覧	管理系	アプリケーションで出力するログを管理する一覧です。システム障害が発生した時に特に重宝します。	ー
エラーコード一覧	管理系	アプリケーションで出力するエラーコードとその意味を管理する一覧です。	ー

51 ユースケース図

業務要件定義において業務フローを作成していると思います。それに似た形ではありますが、利用者とシステムの振る舞いを整理した図です。UMLの1つとしてもユースケース図が定義されています。

設計の目的 個別系

利用者とシステムのやり取りを明確にすることで、どのような機能を作る必要があるかを明確にします。

設計書作成のステップ

ある特定の業務にフォーカスを当て、利用者（UMLではアクターと言います）とシステムのやりとりを明確にします。ただし、どちらかと言うとシステム処理はブラックボックス的に取り扱い（詳細な設計までしない）、利用者の業務を満たすためには「どのような機能が必要なのか」を洗い出すために設計します。そのため、比較的早いタイミングで設計を行います。

「ある特定の業務」と書きましたが、この範囲をどうするかは結構難しいポイントとなります。そもそも不明瞭な状況を整理するために実施しますので、明確に区切ることが難しいのです。ですので、**とりあえず設計してみて、粒が大きすぎたら分割する、小さくなりすぎるのであればまとめる、など、よい塩梅を見つけながら整理しましょう。**

アドバイス

ユースケース図は、意外と使い所が難しいです。というのは、業務にもシステムにも明るい担当者が設計している場合、わざわざユースケース図を書き起こす必要がないことがあるためです。業務フローがあり、必要な機能も明確になっているのであれば、わざわざ設計する必要はありません[2]。

※2）要件定義の段階でユースケース図を用いながら整理をすることもあります。一つの整理手法ですので、適したタイミングで活用してください。

● ユースケース図のサンプル

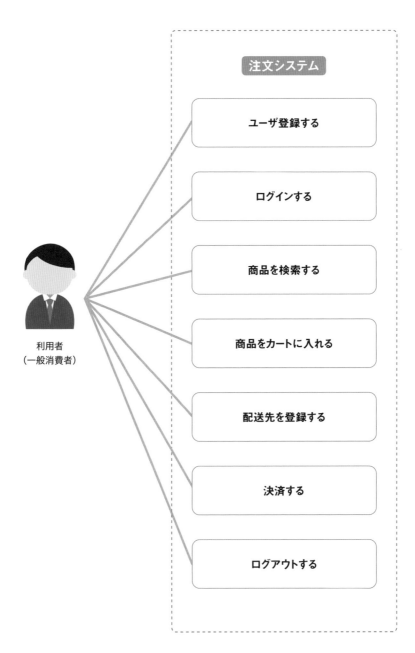

注文システム

ユーザ登録する

ログインする

商品を検索する

商品をカートに入れる

配送先を登録する

決済する

ログアウトする

利用者
（一般消費者）

52 アクティビティ図

アクティビティ図はシステムの動作を表現する図で、処理の流れや条件分岐など を視覚的に理解しやすい形で示すことができます。こちらもUMLの1つとして定 義されています。

設計の目的 個別系

システムの動作を視覚的に把握できるようにすることで、各処理の実装を スムーズに行うことができるようにします。どこで何の処理を実装すべきか、 インプットやアウトプットに過不足がないか、なども確認できます[3]。

設計書作成のステップ

アクティビティ図に描く範囲を決めます。ある程度内容がまとまっている と考えられる単位とするのがよいでしょう。

次に、登場人物（人やシステム）の枠を作成し、それぞれの処理を流れと ともに描いていきます。いわゆる業務フロー（要件定義などで作成）に近い イメージであり、よりシステム処理を意識した図となります。この各処理を、 この後プログラミングできるように細かく設計します。

アドバイス

要件を満たした処理が作成できたとしても、それが本当に最適な形となっ ているかを確認しましょう。 この処理を実施する必要が本当にあるのか？ と いう点検は重要です。余計な処理を作るとコスト高になるだけでなく、品質 の低下やメンテナンス負荷の増大を招きます。また、アクティビティ図全体 を眺めていると、よりよいアイディア（付加価値のある仕様）が思い浮かぶ こともあります。よりよい設計となるのであれば、積極的に関係者と相談し ていきましょう。有識者にレビューを受けるのが効果的です。

※3) Section 55で出てくる「処理フロー図（フローチャート）」と似ていますが、フローチャー トはプログラム単体の処理を描くのに対し、アクティビティ図はもう一段上の、ある 特定の業務の流れを描きます。

● アクティビティ図のサンプル

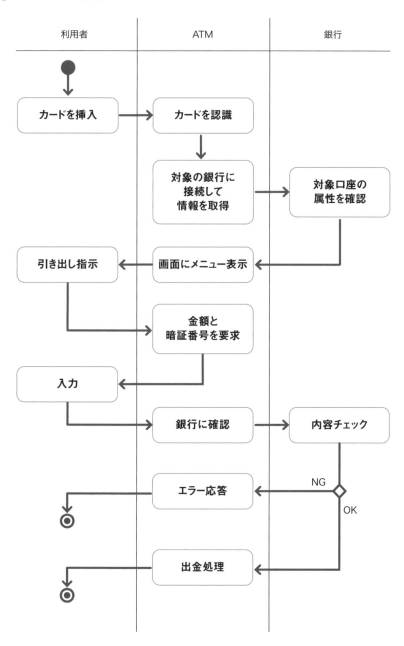

53 クラス図

クラス図とはプログラムの構造や関係性を図にしたものです。オブジェクト指向でプログラミングする場合はクラス図が必要になるでしょう。UMLの1つとしてもクラス図が定義されています。

🔘 設計の目的 俯瞰系

　各クラスの属性や振る舞い、継承、インターフェースなどのクラス間の関係性を設計することで、役割を明確にし、どこに何を作るべきかを判断できるようにします。

🔘 設計書作成のステップ

　まず、システム全体としてどのような考え方で分割していくのかを設計します（全体設計のシステムアーキテクチャ設計や標準化設計にて実施）。それに基づき、特定の範囲に分けてクラス図として記載していきます。

　クラスの中には属性（保有する項目など）や機能を記載します。そして、各クラス間の関係性（継承やインターフェースなど）を設計します。

🔘 アドバイス

　クラス図は「オブジェクト指向」の概念が理解できていないと妥当な設計ができません。まずはオブジェクト指向から学びましょう。

　クラス図内の各クラスの配置（書く位置）に決まりはありません。しかし、どのように配置するかは設計書としての見やすさに直結します。こうした点は完全にルール化することは難しく、ややセンスが問われるところでもあります。

　そして、そもそもクラスの分け方が妥当かが大きなポイントになります。クラスの設計は様々なパターンが考えられ、唯一無二の正解はありません。システムの考え方・規模・運用のしやすさなどを考慮し、設計する必要があります。まさにシステムの設計力が問われる設計書となります。

クラス図のサンプル

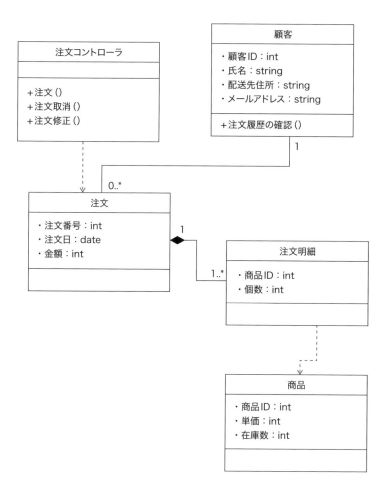

注文コントローラ

+注文 ()
+注文取消 ()
+注文修正 ()

顧客

・顧客ID：int
・氏名：string
・配送先住所：string
・メールアドレス：string

+注文履歴の確認 ()

1

0..*

注文

・注文番号：int
・注文日：date
・金額：int

1

1..*

注文明細

・商品ID：int
・個数：int

商品

・商品ID：int
・単価：int
・在庫数：int

＜凡例＞

- - - - - - - - -> 依存

━━━━◆ コンポジット

クラス名
属性情報
機能情報

54 シーケンス図

シーケンス図はシステム内のオブジェクト間のメッセージのやり取りを時系列で表現する図です。こちらもUMLの1つですので、詳細な書き方や記号の使い方などはUMLを参考にしてください。

◎ 設計の目的 （個別系）

オブジェクト間のメッセージのやりとりやタイミングを明確にすることで、オブジェクト設計をしやすくします。時系列に処理の流れを書くためアクティビティ図にも似ていますが、アクティビティ図は業務の流れに近いのに対し、シーケンス図はオブジェクト指向におけるメッセージのやり取りを表現するという"システム寄り"な設計となります[※4]。

◎ 設計書作成のステップ

まず、対象となるシステムや機能を特定し、関連するオブジェクトを書き出します。そして、オブジェクト間で送受信するメッセージを整理し、時系列順に縦軸に記載していきます。オブジェクトを横に並べ、オブジェクトが実施することが縦軸に整理されるイメージとなります。

また、条件分岐（alt）、エラー（neg）、他のシーケンス図参照（ref）といった表記規定もあり、細かく書くことも可能です。

◎ アドバイス

細かく書けるがゆえに、どの深さまで設計すべきかは考える必要があるでしょう。**コアとなるメッセージやオブジェクト間の相互作用は網羅しておくべきだと考えます**。オブジェクト自身に閉じた詳細な処理は、後述のフローチャートや処理設計（プログラム仕様書）で設計しましょう。細かくなりすぎると理解しづらくなります。

※4）本書では様々な設計書を取り上げていますが、全てを作成する必要はありません。特性や目的に合わせて取捨選択し、設計します。

シーケンス図のサンプル

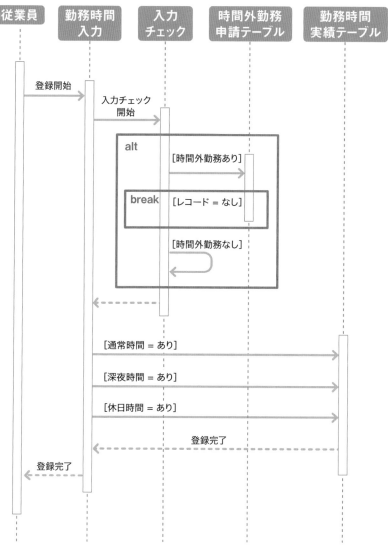

時間外勤務を行う場合は、事前に上長の承認が必要であり、
承認情報が「時間外勤務申請テーブル」に登録されている。

「勤務時間実績テーブル」は、法律の区分に従ってその区分単位で記録している。

55 処理フロー図（フローチャート）

処理フロー図はプログラム処理の流れを視覚的に表現した図となります。処理の順番や分岐条件、繰り返しなどを線を使って表現します。ソースコードにかなり近い設計書といえるでしょう。

設計の目的 個別系

プログラムの処理手順や制御を明確にすることで、プログラミングができる状態にします。そもそもその処理手順で要件が満たせているのかの確認もできます[※5]。

設計書作成のステップ

処理フロー図を作成する単位に沿って設計します。その処理の開始・終了地点を特定します（関数の呼び出しが開始、結果を返すのが終了、など）。次に、処理を順番にリストアップしていき、分岐や繰り返しポイントを設計します。最後に、これらをフローチャート図の形に整えます。

同じ結果を出力するとしても、処理の組み方は多数あります。 シンプルなフローとなっているか、余計な処理をしていないか、性能面で問題となりかねないような繰り返し処理がないか、などを有識者にレビューしてもらい、仕上げます。

アドバイス

繰り返し同じような処理パターンが出てきた場合、もしかするとそれは共通関数化するなど、再利用できるように作った方がよいかもしれません。検討してみましょう。

また、フローチャートを作成する専用ツールはたくさんあります。図を書くのに手間をかけても仕方がないので、有効活用しましょう。

※5）ソースコードがあれば処理内容は分かる、ということで処理フロー図を作らないこともあります。しかし、時間が経つと本人ですら分からなくなりますので、基本的には作成することをオススメします。

● 処理フロー図（フローチャート）のサンプル

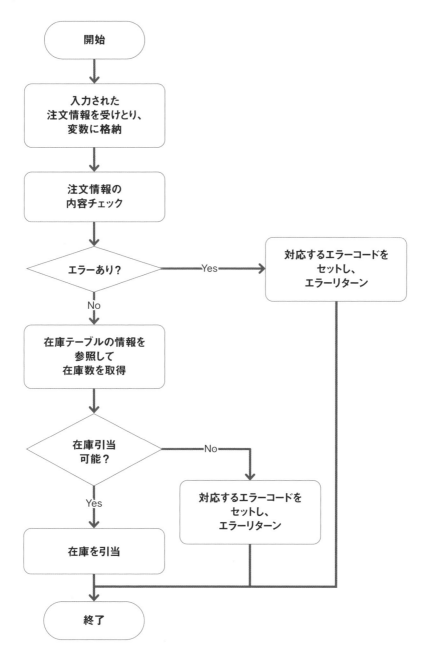

56 状態遷移設計

状態遷移とは、該当システムのふるまいを決める元となる状態の移り変わりとその性質のことです。言葉だけだと分かりづらいですが、オンライン中・バッチ中といった特性をイメージしてください。

設計の目的 個別系

システムが持つ状態やその特性を明確にすることで、各アプリケーションがいつどのタイミングで処理をすべきか、その注意点などが理解できます。開発者はシステムの動作を理解しやすくなり、バグの発生を抑制することができます。

設計書作成のステップ

まずは対象とするシステムの状態を整理することになります。基本的には「AとBの処理を同時に行うと、論理的に壊れてしまう」ということがないようにします。例えば、1日の集計処理のバッチを作成するとして、処理中にオンラインでどんどん更新が入ってきたとしたら大丈夫でしょうか[6]。バックアップ処理中にアプリケーションが稼働していて問題ないでしょうか。といった具合です。

状態（特性）が整理できたら、それらの状態をどのように制御するかを決めます。併せて、状態変更の仕方や、状態の確認方法などを設計します。

アドバイス

本書では「ロジック設計」として説明しましたが、**大きなシステムだと全体設計にて行うこともあります。**実態に合わせて適したタイミングで設計してください。また、状態遷移は異常時も含む、全ての状態を設計することが大切です。漏れていると、想定外の動作が発生する可能性が上がります。

---

[6] 業務要件や処理方式によっては、バッチ処理中にオンラインを動かしても問題がない場合もあります。あくまで一例です。

● 状態遷移設計のサンプル

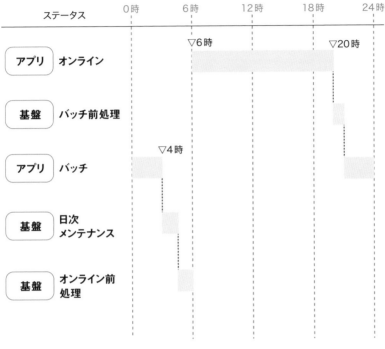

平日処理

| ステータス | 0時 | 6時 | 12時 | 18時 | 24時 |

▽ = チェックポイント時刻

＜補足＞
・各ステータスへの切り替えは、稼働中の処理主が明示的にトリガを発行することで変更する
　そのため、上記時刻はおおよそであり、遅延することもある
・チェックポイント時刻（4時、6時、20時）は、前の処理が早く終わったとしても
　その時刻になるまでは稼働しない
・各処理の最初に、ステータスを管理するシステム共通ステータステーブルを参照し、
　稼働してよい状態であることをチェックすること

57 バッチ全体設計

バッチ処理とは、一定量のデータを集め、一括で処理する方式のことです。対義語はリアルタイム処理（オンライン処理）です。指定した時間に処理を行うのがバッチ、とイメージすると分かりやすいかもしれません。

設計の目的 俯瞰系

バッチ処理の全体の流れや順序、依存関係を明確にし、効率的な処理を実現します。また、バッチでエラーが発生した時の対処方法を設計することで、運用面での安定性にも寄与します[7]。

設計書作成のステップ

まずはバッチ処理としてどのような処理が必要かを洗い出します。並行して、バッチ処理を組む時の基本的な考え方も整理します。エラー発生時に単純に再稼働させることで問題ないような処理とする、などです。他処理との競合やハードウェア起因でエラーとなることもあり、そうした場合は単純に処理を再稼働させるだけで解消することがあります。

これらをもとに、処理内容や処理の分割単位、順序を決めていきます。バッチ処理は基本的には運用ツールを導入して稼働させるため、採用した運用ツールでできることや必要な設定を考慮して設計します。

なおこの後、それぞれのバッチ処理の中身に対応する詳細なプログラム処理を設計することになります（Section 58を参照）。

アドバイス

要件を満たせるバッチ処理であることは当然ですが、**性能面や発生しうるエラーを想定し、その対処を組み込んでおくことが運用に強いバッチ設計となります。**

---

[7] バッチ処理は深夜に稼働することも多く、エラー発生時にトラブルコールされても頭が働きません。シンプルな対処で対応できるようにすることがいかに大切かを身をもって感じます。

バッチ全体設計のイメージ例

バッチ設計の考え方

・全ての処理は、エラー発生時に単純に再稼働して
　問題のない処理内容となるように設計すること

・性能面を考慮した処理分割の設計をすること

・同類の処理は、同じパターンの流れとなるように
　設計すること（メンテナンス性を考慮）

バッチ設計（レベル1）

・各処理の詳細な内容はバッチ設計（レベル2）を参照

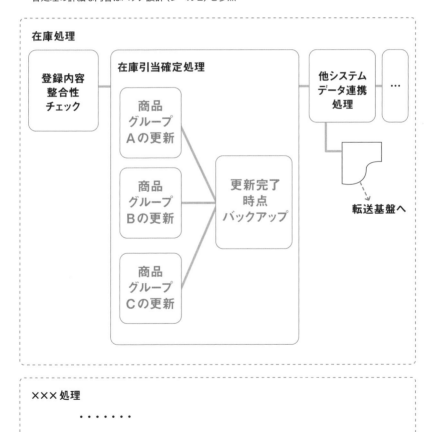

58 処理設計(プログラム仕様書)

処理設計は、プログラムのソースコードにかなり近いレベルの設計書です。人によってはプログラムを日本語(人間の言語)に翻訳したものだ、と言う方もいます[8]。採用したプログラミング言語に則った設計が必要です。

設計の目的 個別系

プログラムの動作や機能を詳細に記述することで、開発者が具体的な実装に迷い無く取り組むことができます。

設計書作成のステップ

対象となるプログラムについて、プログラムに必要な機能、変数、入出力などを洗い出します。これらは、今まで作成してきた設計書を参考に設計します。次に、プログラムの処理の流れを設計します。処理フロー図を作成しているのであれば、そちらが該当します。

また、**細かなエラーハンドリングについても設計が必要です**。当設計書が最後の砦となります。エラーケースについてもしっかりと設計しましょう。

最後に、関連する設計を理解している方にレビューをお願いしましょう。他プログラムとの整合性も大切であるためです。

アドバイス

この後はプログラミングに入ります。テーブル名や変数名など、できるだけ具体的に記述することが望ましいです。

また、同じ処理結果となるとしても、アルゴリズムやデータベースアクセスの方法によっては性能に大きな影響を与えることがあります。その処理方法が妥当なのか、有識者による確認が必要です。必要に応じてコメントを書き込むなど、設計意図を残していきましょう。

---

[8] ソースコードを見たら処理が分かることから、設計書を作成しないこともあります。しかし筆者は設計レビューや引き継ぎを考えると、作成した方が結果として品質が高いと感じます。

● 処理設計（プログラム仕様書）の例

＜プログラム概要＞

注文一覧ファイルを受け取り、一件ずつ処理を行う。在庫マスタを確認し、
在庫がある場合は引当を行う。引当できた場合は、発送指示テーブルに書き込む。

＜入出力概要図＞

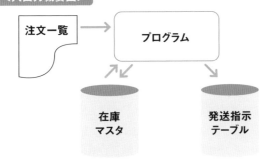

＜処理フロー図（フローチャート）＞

Section 55「処理フロー図（フローチャート）」を参照

＜ロジック＞

・変数の宣言をする
・注文一覧ファイルをOPENし、ロックする

【ループ処理】1件目から最後のレコードまで1件ずつ処理

・レコードの「商品コード」「注文数」を取得し、変数に格納する
→取得できない場合は処理を中断。終了処理に移動する。
　次のレコードの処理は行わない。

・在庫マスタにアクセスし、該当商品コードの在庫数を取得する
SELECT FOR UPDATEで行ロックする

【条件】レコードの注文数≦在庫数の場合

・在庫数から注文数を引き、その結果を在庫マスタに反映する

システム構築には「システムならではの考え方」や「業界特有の知識」が必要

　良いシステムを作り上げるには、相当な知識やノウハウが必要だと感じます。それはシステムに関する知識もそうですし、システムを利用する業界特有の知識についてもそうです。

　システムならではの考え方を1つ紹介しましょう。それは「基準日」という考え方です。日常生活では「4月1日2時」といった表現をしますが、バッチ処理など、1日の中で稼働タイミングが変わると処理がしづらくなるケースがあります。

　例えば、その日の集計処理を夜間にするとします。ただし、稼働時間は深夜です。そのバッチ処理が稼働するときに「今の日付」を取得し、その日付に対して集計を行います。そうした時に、他処理の遅延などにより3月31日23時に動く場合と、4月1日1時に動くケースが出るのは十分あります。しかし、稼働した時の日付を取得してしまうと、タイミングによって集計する日が変わってしまいますよね。そこで「基準日」という考え方が登場します。

　システムとして「基準日」を保存しておき、処理するときはその基準日を見ることにします。つまり、4月1日1時は、3月31日25時として処理するわけです。こうすることで、狙った日付に対して処理を行うことができます。

　業界特有の知識については記載を割愛しますが、困るのは、この手の業界、特に会社固有の用語はインターネットなどで調べても意味が分からないことがある点です。分かる人に聞けると一番早いのですが、なかなか機会がないこともあります。こうした用語は用語集として蓄積していけるとよいと思います。

　これらの両輪があって初めて良いシステムを作ることができます。最初はとても大変ですが、1つずつ積み上げていくことでその実力はメキメキとレベルアップしていくでしょう。

## CHAPTER 8

ネットワーク設計

いよいよインフラ面の設計に入ります。ネットワークは縁の下の力持ち。いわば電気や水道のような存在で、常に稼働して当たり前と思われがちな世界です。しかし、ひとたび障害が発生すると大きな影響が発生してしまうのがネットワークです。

59 設計書一覧

ネットワーク設計は「後からの変更が非常に難しい」という点が大きな特徴かもしれません。構築が進んでから設計思想を大きく変えることは影響が特大です。システムが稼働するとLANケーブルを1つ抜くだけでも大事になります。

◉ ネットワーク設計で実施すること

　全体設計、特にシステムアーキテクチャ設計、信頼性・安全性設計（全体編）、性能設計（全体編）、セキュリティ設計（全体編）をインプットに、個々のネットワーク設計を実施します。

　全般的には、**ネットワーク設計は採用した機器やプロダクトがベースにあり、それらの仕様に沿ってどのように組み立てるか、どのような設定をするか、が主となります**。本書で取り上げている設計書一覧以外にも、それらの機器やプロダクト固有の設計はたくさんあります。そのため、設計すべき細かな内容は異なってきます。似たような名称の機能でも、機器によっては意味が異なることもありえます。各機器やプロダクトの内容を正しく、深く理解し、設計を進めていく必要があります。ただし、根本は「どのように設定すればよいか」を設計するものだとイメージしてください。

　また、クラウド環境を使う場合は構築方法が大きく変わります。機器に対する細かな設定などはほぼ不要で、より大きな"組み方"に注力して設計することができます。これらは利用するクラウドにもよりますので、採用するクラウドの仕様をよく理解する必要があります。ネットワーク領域でのクラウド活用は恩恵が大きいです。まず、物理的な設置、結線といった作業から解放されます。そして、ネットワークリソースの増減も容易です（むしろ、何かの設定を変更するというよりは、使った分だけ課金される方がイメージに近いでしょう）。また、オンプレミスのネットワークに一部の機能を接続することもできます。例えば、FWやCDNなど、内容によってはオンプレミスの外部に配置する方が適切なこともあります。そうした点を踏まえてどのようなネットワークとするかは、腕の見せどころです。

● 設計書一覧

設計書名	設計種類	設計書概要	詳細解説 Section
ネットワーク全体構成図（物理構成）	俯瞰系	物理的な機器構成の設計です。	60
ネットワーク全体構成図（論理構成）	俯瞰系	論理的な構成の設計です。	61
ファシリティ設計	個別系	ファシリティ、つまり施設や設備を設計します。機器を設置するラック（棚のようなもの）からLANケーブル、電源ケーブルの配線など、物理的に設置するための設計を行います。	–
機器一覧	管理系	設置する機器の一覧表です。	–
ネットワーク提供サービス一覧	管理系	FW、VPN、DNS、NTPなど、ネットワークで提供するサービスの一覧を整理します。	62
外部接続一覧	管理系	外部システムやサービスとの接続の一覧表です。外部とはセキュリティ要件やルールなども異なるため、注意して一覧管理します。	–
通信要件一覧	管理系	ネットワーク内容の一覧です。	63
IPアドレス一覧	管理系	付与、もしくは付与予定（予約）のIPアドレスの一覧表です。	–
IPアドレス設計	個別系	IPアドレスの付与ルールの設計です。	64
ネットワークサービス設計	個別系	FW、VPN、DNS、NTPなど、ネットワークサービスそのものを構築するための設計です。	65
FWルール設定方針書	個別系	ファイアーウォールをどのように設定するかの方針を決める設計です。	66
FWルール設定一覧	管理系	ファイアーウォールに設定する値の一覧です。	–
流量制御設計	個別系	各通信の転送速度や帯域幅をコントロールする設計です。	67
パラメータ設定方針書	個別系	各ネットワーク機器をどのような方針で設定するかの設計です。	–
パラメータ設定手順書	個別系	各ネットワーク機器を設定するための手順書です。	–
ネットワーク構築手順書（クラウド編）	個別系	クラウド上でネットワークを構築する場合の手順書です。クラウドのどの画面でどのように設定するか、といった内容を詳細に作成します。	–
ネットワーク運用設計	個別系	機器の再起動のタイミング・方法やヘルスチェック（機器がダウンしていないかを定期的にチェックする仕組み）などを設計します。	–
ネットワーク障害対応手順書	個別系	障害発生時の対応手順を設計します。手順のテストも必要となります。	–
アップデート・パッチ適用手順書	個別系	ネットワーク機器やその他関連ソフトウェアのアップデートやパッチ適用の手順書を作成します。	–

60 ネットワーク全体構成図 (物理構成)

ネットワーク全体構成図（物理構成）とはその名の通り、物理的な接続や機器配置を示す図です。ネットワーク機器、サーバ、ストレージ、端末などシステムの構成要素を図にします。

設計の目的 俯瞰系

システムのネットワークを把握することで、機器構成や接続方法に問題がないこと、セキュリティに問題がないことが確認できます。また、効率的な運用や障害時の対策に活用することもできます。

設計書作成のステップ

システムアーキテクチャ設計や信頼性・安全性設計（全体編）を元に、必要な機器や接続方法を洗い出します。そして、それらの要件を満たすことを確認しながら、機器同士の接続図を作成していきます。

冗長性の考慮が必要な場合は、二重化（多重化）できているか、過剰な機器構成になっていないか、ボトルネックとなってしまう箇所がないか、Active（稼働機）とStandby（待機機）をどのように配置するか、などを設計していきます。拡張性については、拡張する場合はどこに接続するのかを設計します。LANポートの接続口が物理的に足りなければどうしようもありません。**実際に利用する機器を踏まえた設計が必要となります。**

アドバイス

冗長性や拡張性に対してどのように物理的な構成を組めばよいかは、基本となるパターンがあります。そうした定石を確認しましょう。ただし、機器の選定が簡単にできるかは別の話です[※1]。ポート数や処理スペック、機能が異なりますし、コストが大きく違ってきます。最適な判断が必要です。

※1) 本書では全体設計（4章）で機器発注を行う流れでまとめていますが、現実的には本Sectionのような構成設計をある程度実施しないと、妥当な機器は選定できません。

ネットワーク全体構成図(物理構成)のイメージ

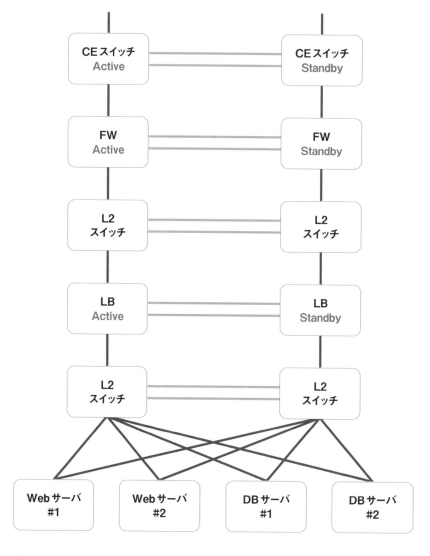

CE：カスタマーエッジ (Customer Edge)
FW：ファイアーウォール (Firewall)
L2：レイヤー 2 (Layer 2)
DB：データベース
LB：ロードバランサ

61 ネットワーク全体構成図（論理構成）

ネットワーク全体構成図（論理構成）とは、機能的な配置と、その接続を整理した図となります。物理的な配線ではないため注意が必要です。アプリケーション担当が気にするのはどちらかと言えばこの論理構成になります。

設計の目的 （俯瞰系）

システム全体における機能や接続を可視化することで、全体の通信フローを理解し、適切なネットワーク設計ができるようにします。また、全体を俯瞰することで、漏れがないかの点検にも活用できます。

設計書作成のステップ

システム要件やネットワーク要件から、必要な機能やサービスを洗い出します。次に、それらがどのような関係性にあるのかを整理します。例えば、ロードバランサ（LB）[2]の配下に複数台のWebサーバを配置する、といった関係性です。そして、セキュリティ対策や性能要件を意識して、論理的な配置を決定します。

アドバイス

特にセキュリティの観点で、機能配置に問題がないかを確認しましょう。大きくはDMZか社内か、という2つのエリアに分けられます。DMZの訳は「非武装地帯」ですが、言葉だけだと分かりづらいですね。Webサーバなど、インターネットから直接アクセスを受けつける必要がある機能を配置する場所になります。そのDMZにある機能から特定の社内機能にしかアクセスできなくすることで、インターネットからの社内への直接アクセスを防ぎます。たとえDMZが乗っ取られた（不正アクセスされ、侵入された）としても社内の被害を最小限にしやすい手法です。

※2）ロードバランサは、スケールアウトを実現するための要です。配下のサーバに向けた通信全てを処理するため、簡単にはダウンしないようなハードウェアとする必要があります。そのため、比較的高価な機器となります。

◆ ネットワーク全体構成図（論理構成）のイメージ

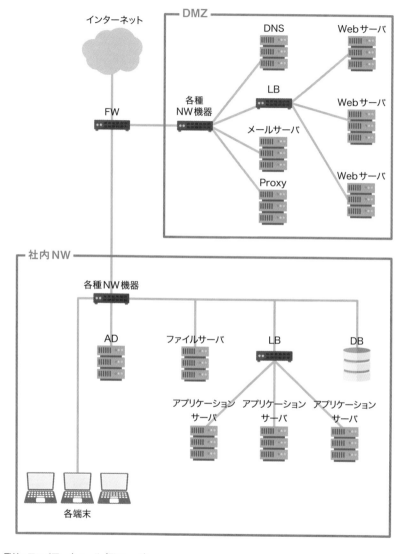

FW：ファイアーウォール（Firewall）
LB：ロードバランサ（Load Balancer）
AD：Active Directory
DB：データベース

62 ネットワーク提供サービス一覧

ネットワーク提供サービスとは、例えばVPNやDNSといったサービスのことです。当一覧は、当該システム（ネットワーク）において提供するサービスやその利用方針を整理したものとなります。

設計の目的 管理系

　提供するネットワークサービスを一覧化することで、構築すべきネットワークサービスが明確になります。また、各開発者がサービスの存在を認識し、その設定・仕様の理解や利用申請をできるようにします。利用する開発者向けの資料の意味合いがあります。

設計書作成のステップ

　システム要件やネットワーク要件から、必要なネットワークサービスを整理して一覧化します。そしてそれらの基本設定方針や設定変更ルールを作成します。また、それらのサービスを利用するための申請ルールや申請先、申請フォーマットを準備します。

アドバイス

　利用したい開発者からの利用申請を受けることになりますが、申請書の雛型（テンプレート）を用意しておくことでスムーズなやりとりが行えます。やりとりの効率化のためにも雛型は作成して提供しましょう[3]。

　そして、これは体制や個々のスキルによりますが、**利用したい開発者（ア アプリケーション担当）は、ネットワークの知識に乏しいことがあります。** そのため申請書の雛型があっても申請内容の品質が悪いことがあります。ネットワークの技術的な説明や、申請書上での不整合チェックを実装するなどして、より品質の高い申請が受領できるようにしましょう。

[3) 色々な設定パターンを考えると、雛型の作成も意外と難しいものです。変に作り込みすぎず、コメント欄で対応するといった柔軟さも必要でしょう。

◆ ネットワーク提供サービス一覧の例

ネットワーク提供サービス	設定概要
DNS (ドメインネームシステム)	社内システムで必要なドメインネームを全て管理。登録変更時は申請が必要。
FW (ファイアーウォール)	基本は全遮断。通信要件を申請後、設定。
WAF (ウェブアプリケーションファイアウォール)	基本ルールは設定済。個別ルールを追加する場合は申請が必要。
VPN (Virtual Private Network)	利用可。外部 (在宅など) から社内ネットワーク内のシステムを利用するために必要。端末に専用ソフトウェアをインストールする必要あり。
DHCP (Dynamic Host Configuration Protocol)	社内クライアント端末用に利用。利用拠点の申請が必要。
QoS (Quality of Service)	オンライン処理優先の設定あり。それ以外の制御は基本行わないが、特殊要件がある場合は個別相談。
NTP (ネットワークタイムプロトコル)	当NTPサーバ自体は外部NTPサーバと接続して同期。社内システムは当NTPサーバを利用すること。利用申請は不要。
メールサーバ	社内システムからの送信用に利用可。利用申請が必要。社員のメール送受信用のメールサーバではないので注意。
SNMP (シンプルネットワーク管理プロトコル)	利用可。利用申請が必要。

63 通信要件一覧

通信要件とはネットワーク上、どのサーバからどのサーバにどのような通信を行う必要があるのかという要件です。これらを一覧表にしたのが通信要件一覧です。これらの要件を機器に設定することで、セキュアに運用することができます。

設計の目的 (管理系)

システムやネットワークの通信に関連する要件を一覧化することで、それぞれがどのように関係しており、ネットワーク上にどのような設定を行う必要があるのかが分かります。

設計書作成のステップ

各システム同士における必要な要件を洗い出します。細かな要件は申請を

◉ 通信要件一覧の例

#	送信元			→ ←	送信先		
	オブジェクト	ノード名	IPアドレス		オブジェクト	ノード名	IPアドレス
1	社内端末 インターネット接続						
1-1-1	社内端末	–	172.16.0.0/12	→	外部	–	–
1-1-2	社内端末	–	172.16.0.0/12	→	外部	–	–
…	…	…	…	…	…	…	…
2	DMZ						
2-1-1	メールサーバ (送信専用)	pmlmai01	192.168.20.1	→	外部	–	–
2-2-1	Webサーバ	pxzweb01-49	192.168.10.1-49	→	外部クラウド ストレージ	–	※GIP
2-2-2	Webサーバ	pxzweb01-49	192.168.10.1-49	←	外部クラウド ストレージ	–	※GIP
2-3-1	FTPサーバ	pxzftp01-02	192.168.15.1-2	→	外部システムA	–	※GIP
…	…	…	…	…	…	…	…
3	社内システム						
3-1-1	APサーバ	pazapl01-19	10.10.0.1-19	→	メールサーバ (送信専用)	pmlmai01	10.220.20.1
3-1-2	APサーバ	pazapl01-19	10.10.0.1-19	→	FTPサーバ	pxzftp01-02	10.220.15.1-2
3-1-3	APサーバ	pazapl01-19	10.10.0.1-19	→	DBサーバ	perdbs01-05	10.220.30.1-5
…	…	…	…	…	…	…	…
X	DROP						
X-1	any	–	–		any	–	–

出してもらう形になるでしょう。そしてそれらの通信がどのような経路を辿るのがアーキテクチャ上、正しいのかを判断します。ファイアーウォールを経由するのか、NAT変換は必要なのか、といった点も設計が必要です。通信要件の設定は、その通信を許可するのか、拒否するのかの設定ができます。しかし混在しすぎると理解できなくなるため、基本的には全て拒否が前提で、そこから必要な分だけ許可をしていく形をとるとよいでしょう。

🎧 アドバイス

　通信要件は、基本的にはセキュリティのための制御となります。細かく設定するのは面倒ですが、極力狭い許可範囲となるように設定しましょう。システム同士のつながりを表す一覧でもあるため、実はシステム全体像が把握できる設計書でもあります。

　なお、**社内の悪意を持つ人間による不正アクセスを防ぐために、一覧の情報全ては表に出さないケースもあります**[※4]。全容を把握されないためです。

※4）セキュリティは外だけ気にすればよいわけではありません。むしろ、内にいる不正者の方が検知しづらく、さらに影響も大きなものとなります。

オブジェクト	プロトコル	ポート	拒否・許可	FW経由	NAT変換	備考	...
プロトコル							
							...
HTTP	TCP	80	許可	FW1	無	FWにて、ブラックリスト形式で接続不可サイトを登録する。	...
HTTPS	TCP	443	許可	FW1	無	FWにて、ブラックリスト形式で接続不可サイトを登録する。	...
...	...	...	...	...	...	...	...
							...
SSL/TLS	TCP	465	許可	FW2	無	受信はしない。	...
HTTPS	TCP	443	許可	FW2	無	−	...
HTTPS	TCP	443	許可	FW2	無	−	...
SFTP	TCP	22	許可	FW2	無	−	...
...	...	...	...	...	...	...	...
							...
SMTP	TCP	25	許可	−	有	−	...
SFTP	TCP	22	許可	−	有	−	...
MySQL	TCP	3306	許可	−	無	−	...
...	...	...	...	...	...	...	...
							...
any	−	−	拒否	−	−		...

64 IPアドレス設計

IPアドレスとは、機器それぞれに付与する固有の番号のことです。その番号を宛先として通信を行うため、割り当てないとそもそも通信ができませんし、複数の機器で重複があるとうまく通信ができません。

設計の目的 個別系

IPアドレスをどのようなルールで付与するかを設計することで、効率的な運用、拡張性を作り込んでおくことができます。

設計書作成のステップ

まず、ネットワーク全体を洗い出し、どのようなエリアに分けるのかを設計します。そして、それらのエリアの間でNAT変換を行うのかを検討します。NAT変換とはIPアドレスを変換する仕組みであり、異なるネットワーク間をお互いのネットワークの中身を意識せずに接続することができます[5]。

次に、それぞれのネットワーク内でのIPアドレスの割当ルールを設計します。将来を含め、どのくらいの数のIPアドレスが必要となるかを想定し、その範囲を定義していきます。個々に付与したIPアドレス自体は「IPアドレス一覧」などで管理しましょう。

アドバイス

極論、IPアドレスが重複しなければ通信自体に支障はありません。しかしこの後の設計や運用で泣きを見ることになります。例えばファイアーウォールの設定です。WebサーバのIPアドレスを決められた範囲内に限定するルールとすれば、1つの定義で通信を許可できます。しかし、バラバラのIPアドレスを付与したWebサーバが100台あると、100の定義が必要です。

---

[5] セキュリティ面の利点もあります。変換を許可した範囲のIPアドレスのみ次のネットワークに接続できるため、定義していなければ次のネットワークにある機器に直接接続できません。

● NAT 変換のイメージ例

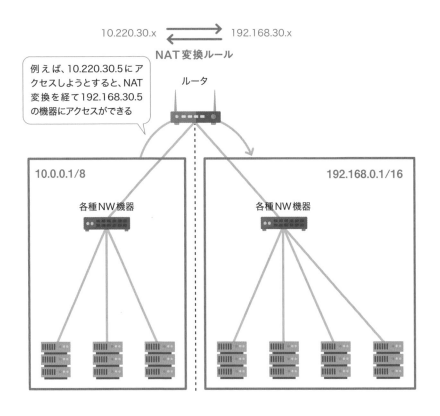

● IP アドレスの範囲設計の例

#	分類	IPアドレス範囲	サブネットマスク	IPアドレス割当範囲	設定方法	…
1	ネットワークA	192.168.10.0/24	255.255.255.0			
1-1	Webサーバ			192.168.10.1 - 50	固定IP	…
1-2	APサーバ			192.168.10.101 - 150	固定IP	…
1-3	DBサーバ			192.168.10.201 - 250	固定IP	…
2	ネットワークB	172.16.0.0/16	255.255.0.0			
2-1	社内端末			172.16.0.1 - 172.16.99.254	DHCP	…
…	…	…	…	…	…	…

65 ネットワークサービス設計

ネットワークサービス設計という抽象的な名称となっていますが、Section 62「ネットワーク提供サービス一覧」で記載した、例えばDNSのようなサービスの具体的な設計を行う設計書のことです。

🔘 設計の目的 個別系

各ネットワークサービスの具体的な設定値などを設計することで、実際にそのサービスを提供できるようにします。

🔘 設計書作成のステップ

まず、設計対象のネットワークサービスについて、サービスに対する要件を整理します。次に、どのようなプロダクトで稼働させるかを決定します。要件が実現できるように、プロダクトの設定をどのように定義すればよいのかを設計します。定義内容によっては、設定方針のような設定思想を設計し、それに沿って定義していくことになります。

この後は、設計した定義に従って実際に作業してサービスを構築することになります。必要に応じて手順書を作成します。

🔘 アドバイス

設計するネットワークサービスによって、設計内容は千差万別です。**まずはそのプロダクトやサービスの設定マニュアルを確認しましょう。**アプリケーションのように自ら何かを作ることはあまりなく、何かしらの製品を導入、設定、活用することになります。

設定値の定義は、運用まで意識して設計しましょう。1箇所の変更で全体に影響するような形で設定してしまうと、本番運用開始後の変更負荷がとても大きなものとなってしまいます[6]。

※6）定義を細かくしすぎると、性能面の低下や管理面の負荷増大といったことも考えられます。将来の姿も考えて、最適な形で設計する力が求められます。

◆ DNS「BIND」の設計例

#	分類	内容	設定値	備考
1	製品			
1-1		BIND	バージョン：xxx	構築時点の最新版を利用する。
1-2		稼働OS	Red Hat Enterprise Linux	－
…		…	…	…
2	構成ファイル（named.conf）			
2-1		directory	/var/named	－
2-2		pid-file	/var/run/named/named.pid	－
2-3		listen-on	any	－
2-4		listen-on-v6	any	－
2-5		allow-query	any	－
2-6		recursion	yes	－
…		…	…	…
3	ゾーン設定			
3-1		ゾーン名	example.com	－
3-2		ゾーンタイプ	master	－
3-3		ゾーンファイル	example.com.zone	－
…		…	…	…
4	DNSレコード			申請を元に追加する。
4-1-1		名称	example.com	－
4-1-2		リソースレコード	A	－
4-1-3		値	192.168.10.1	－
4-2-1		名称	www.example.com	－
…	…	…	…	…

66 FW(ファイアーウォール) ルール設定方針書

ファイアーウォールは、ネットワークを保護するために利用する基本サービスです。個々のネットワーク通信に対して、通す、通さないといった制御を行います。ファイアーウォールだけで全てを守れるわけではないため注意が必要です。

設計の目的 （個別系）

設定ルールの基本方針を定めることで、どのようなケースで設定が必要となるのかを明確にします。また、設定値の統一感をもたせることで運用負荷を下げることができます。

設計書作成のステップ

まずは採用した製品においてどのような設定が可能なのかを確認します。方針を作成したとしても、その通りに設定できなければ意味がないためです。次に、ファイアーウォールの位置づけや役割を明確にします。設置する機器が1つとは限りませんので、それがどの部位にあり、何から守るのかを定義します。そしてそれぞれのファイアーウォールにおける基本的な通信ポリシーを設計します。デフォルトは全ての通信をブロック、必要な通信のみ許可するホワイトリスト方式[7]を採用、といった方針です。実際の登録定義は「FWルール設定一覧」などで管理しましょう。

アドバイス

方針だけではなく、申請ルールや定期的な見直し方法についても設計しましょう。特にブラックリスト方式の場合、ブロックする対象が増えていく可能性があります。定期的な見直し活動が必要となるでしょう。

また、**サイバー攻撃を受けた時などファイアーウォールで緊急ブロックする必要があります。そうした運用も考慮しましょう。**

---

[7] この逆はブラックリスト方式ですが、今の時代としてホワイト／ブラックという用語は使わない動きがあります。許可リスト(Allow List)、拒否リスト(Deny List)という用語はまだ浸透していないため、本書では旧来の表記をとっています。

⮞ FW(ファイアーウォール)ルール設定方針書の例

#	分類	定義	内容	備考
1	概要			
1-1		採用製品	Cisco Secure Firewall	–
1-2		FW①	インターネットと社内ネットワークの境界に設置。	–
1-3		FW②	DMZと社内システムの境界に設置。	–
…		…	…	…
2	FW①			
2-1		通信ポリシー	特定の通信のみ明示的にブロックした上で、さらにブラックリスト方式でブロックを追加していく。	–
2-2		設定ルール	ブラックリストへの登録は、基本的には宛先のみの登録とする。その宛先に対しては全通信プロトコルをブロックする。	–
…		…	…	…
3	FW②			
3-1		通信ポリシー	全てをブロックした上で、必要な通信のみホワイトリスト方式で許可を行う。	–
3-2		設定ルール	ホワイトリストへの登録は、宛先＋ポート指定で登録する。	–
…		…	…	…
4	申請ルール			
4-1		申請期日	通常、１０営業日前までに申請を行うこと。	緊急対応はこの限りではない。
4-2		申請書雛型	file://xxxx/xxxx.docx	–
4-3		申請フロー	file://yyyy/yyyy.pdf	必ず承認されるわけではなく、セキュリティポリシーと突き合わせての審査を行う。
…		…	…	…
5	見直し運用			
5-1		タイミング	四半期に一度実施する。	–
5-2		確認内容	・各担当者にて内容を確認 ・すでに廃止済のシステムは定義削除	–
…	…	…	…	…

67 流量制御設計

流量制御とは、ネットワークの中を流れるデータの転送速度や帯域幅をコントロールすることです。通信、つまりシステム処理には優先度があるため、ネットワークがネックとならないように制御をする必要があります。

設計の目的 個別系

ネットワークを適切に利用できるようにすることで、ネットワークの遅延やパケット損失を軽減し、品質の高いネットワークの実現ができます。また、業務への影響発生の可能性を減らすことができます。

設計書作成のステップ

どのような通信があり、どのような時間帯でどのようなボリュームが発生するのかを整理しましょう。すでに稼働しているネットワークであれば、現状を分析する手法もとれます。そしてそれらに対して、遅延が発生すると業務に影響が出るものを抽出（業務優先度付け）し、対応の必要性の有無を設計します。

そして、必要な通信を守れるような設定を検討します。優先度を高くしたり、優先度の低い通信の転送速度を制御したりする方法があります[8]。

➲ 流量制御設計の例

記載のない経路は優先度「中」、帯域「制限なし」の設定となる

#	送信元				送信先		
	オブジェクト	ノード名	IPアドレス		オブジェクト	ノード名	IPアドレス
1	社内端末	–	172.16.0.0/12	→	Webサーバ	pxzweb01-49	192.168.10.1-49
2	APサーバ	pazapl01-19	10.10.0.1-19	→	FTPサーバ	pxzftp01-02	10.220.15.1-2
…	…	…	…		…	…	…

※8）物理的にネットワークを太くする、経路を増やす、機器の配置を変える、など他にも方法はあります。ここでは、物理的には変更せずに対応する方法を考えています。

アドバイス

つまるところ、固定のネットワーク帯域（土管の太さとイメージしてください）に対して何を優先して流すか、という話です。**しかしよほどの影響がない限り、設定しないことをオススメします。**管理負荷が高くなるのと、細かく制御しても結局は帯域が太くなるわけではないため、その設定量に対して効果が薄いためです。桁違いのサイズのファイルがあり、かつ伝送に時間をかけてもよいようなケースは優先度を低くしてもよいかもしれません。

◯ 流量制御のイメージ

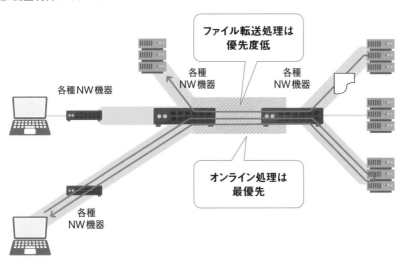

流量制御			
優先度	帯域	備考	
高	制限なし	オンライン処理	・・・
低	Max 1/4	大容量ファイル転送処理	・・・
・・・	・・・	・・・	・・・

8

ネットワーク設計

ネットワークの基礎は
OSI参照モデルを知るのが早い

　コンピュータネットワークの仕組みの考え方に「OSI参照モデル」があります（下図参照）。

　最下層は物理層と、物理的な話から始まります。そこから上に、接続を確立するレイヤーが積み重なっていき、最後はアプリケーションとしての情報をやりとりするためのルールが決められています。

　ネットワークは、接続している機器同士の伝達ルールです。このルールが異なる機器同士では絶対に動作しません。ただし、インターネットが普及した今では、このルールを「どれにしようか？」と悩むことはほぼありません。「TCP/IP」というルール一択です（厳密には、TCP/IPはL3、L4に位置するルールですが、それに伴い上位層も自ずと使うものが決まります）。こうした階層を意識すると、いざネットワークトラブルが発生した時でもどこが問題かの切り分けが早くなります。

　なお、本書の説明で出てくる「アプリケーション」は、L7のアプリケーション層の設計の話ではなく、その中で伝送するデータそのものを設計しているイメージとなります。L7はネットワークの話ですので、あくまで「情報をやりとりするためのルール」を意味します。

● OSI参照モデル

階層	名称	役割	規格例
L7	アプリケーション層	アプリケーション間のやりとり方法	HTTPS、IMAP、DNS
L6	プレゼンテーション層	データの表現を規定	JPEG、PNG
L5	セッション層	接続方法	NetBIOS
L4	トランスポート層	通信方法	TCP、UDP
L3	ネットワーク層	転送ルール	IP、ICMP
L2	データリンク層	隣接機器との通信方法	PPP、Ethernet
L1	物理層	物理的な接続方法	RS-232、UTP、無線

## CHAPTER 9

サーバ設計

アプリケーションを動かす土台。それがサーバです。
極端な話、サーバの中身はパソコンと同じです。どの
ＯＳを選択して、どんなソフトウェアをインストール
して使うか。そうしたサーバがたくさん絡み合って、
システムが構成されているのです。

68 設計書一覧

採用するOSやミドルウェアによって個々の設計内容は大きく異なってきますが、実施すべき基本は同じです。スペックや台数を選定、要件に応じた設定の実施、運用設計の実施、です。

サーバ設計で実施すること

　サーバを構築し、運用するための設計を行います。全体設計、特にシステムアーキテクチャ設計、信頼性・安全性設計（全体編）、環境設計（全体編）がインプットになるでしょう。**ネットワークと同様に、サーバにおいても機器やプロダクトがベースにありますので、それらを最適に組み合わせていく形になります。**

　運用面まで考えると自動化した方が品質・効率が高い部位も多いため、作業手順書などを整備していく中でも、そうしたツール構築の設計が入ってくることになります（ツール＝プログラム自体は、7章「ロジック設計」といったアプリケーションの設計内容となります）。

　サーバ設計においても、クラウド環境を使う場合はそれなりの省力化が期待できます。ハードウェアの準備、OSの基本部分の準備（インストールなど）は管理画面から選択するだけで構築できることがほとんどです。ただし、それより上のレイヤー、個別のミドルウェアであったり、可用性（システムが停止することなく稼働）に対する対応などは設計・設定していく必要があるでしょう。クラウドの恩恵という意味だと、他にはサーバスペックの変更が容易に可能、台数の増減も容易、といった点が挙げられます。

　ただし、クラウドの大きなデメリットとして、クラウド自身の大規模障害があります。3大クラウドにおいても大規模障害が何度か発生しており、数時間を超えるサービス停止が発生することもあります。オンプレミスだからといって障害が発生しないわけではありませんが、オンプレミスの場合、重要な業務イベントがある時はリリースを凍結する、といったリスク回避策がとれます。クラウドは土台のコントロールができないと認識してください。

⦿ 設計書一覧

設計書名	設計種類	設計書概要	詳細解説 Section
サーバ一覧	管理系	サーバの一覧を整理します。仮想化している場合は、物理サーバと仮想サーバのどちらも管理する必要があります。	–
サーバ仕様設計	個別系	サーバのスペックや台数を明確にします。	69
仮想化設計	個別系	仮想化の方式やその内容を設計します。	70
ファシリティ設計	個別系	ファシリティ、つまり施設や設備を設計します。どのラックのどの位置に設置し、LANケーブルや電源コードをどう配置するか。物理キーボードやマウス、ディスプレイはどうするか。エアフローをどうするか(機器は熱くなるので、風通しについても考慮が必要)、などを行います。	–
サーバプロダクト構成書	管理系	サーバにインストールする製品を設計します。	71
サーバ稼働サービス一覧	管理系	サーバで稼働させるサービス、例えばHTTPやFTPといったサービスを一覧として整理します。	72
サーバ設定仕様書	個別系	サーバの各種設定値を設計します。	73
インストール手順書	個別系	サーバを構築するための手順書を作成します。同じ作業を何度も実施することもあるため、自動化できるところは自動化するなど工夫をしましょう。なお、バージョンが少し変わるだけでも手順が変わることがあります。手順書管理の運用上、そうした点もケアできるようにしていく必要があります。	–
サーバ構築手順書(クラウド編)	個別系	クラウド環境におけるサーバの構築手順を作成します。	74
サーバ運用設計	個別系	サーバの継続利用に必要な処理を設計します。サーバの再起動やバックアップなどです。	75
サーバ運用手順書	個別系	サーバ運用設計に沿った作業手順書を作成します。	–
障害時対応手順書	個別系	システム障害やハードウェア障害が発生した時の対応手順書を作成します。	76
アップデート・パッチ適用手順書	個別系	アップデートやパッチ適用が必要となった時の対応手順書を作成します。特にパッチ適用は至急対応が必要なケースもあるため、テストを含めた対応方法を事前に準備しておく必要があります。Section 27で出てきたCSIRTのような情報収集運用も必要となります。	–

69 サーバ仕様設計

サーバ仕様設計では、システム運用に必要なサーバのスペックや台数を明確にします。昨今は仮想化するのが基本ですので、物理サーバを設計するには仮想化を加味した設計が必要となります。

◉ 設計の目的 個別系

　サーバ仕様、いわゆるスペックを設計することで、システムの安定性や効率性を担保するための環境を構築することができます。

◉ 設計書作成のステップ

　システムアーキテクチャ設計や信頼性・安全性設計（全体編）、環境設計（全体編）などを元に、より詳細なスペックを決定します。サーバの利用用途によって必要となるスペックも異なってきますので、適切なスペックを選定します。そのサーバで利用するプロダクトやアプリケーションサイズなどを考慮し、余裕値も考慮してスペックを計算します。仮想化する場合は、仮想化分のスペック、そして仮想化ソフト上に何台分の仮想環境を稼働させるかといった設計を行い、確定します。もちろん、可用性やコスト面なども考慮し、最終的なスペック・台数を決めます。なお、クラウド利用の場合はスペック・台数変更は容易です。そこまでシビアにせずある程度おおまかに決めるのも手です。

◉ アドバイス

　適切なスペックを選択することは大切ですが、管理面についても考慮しましょう。あまりに色々なスペック・プロダクトのサーバを選択してしまうと、いわゆる「金太郎飴」的に管理することができず、管理負荷が高くなるためです。ただし、全てをまったく同じにすると、大きな問題（深刻な脆弱性など）が発生した時に全てが影響を受けますので、そのリスクについて考慮は必要です。

サーバ仕様設計の考え方の例

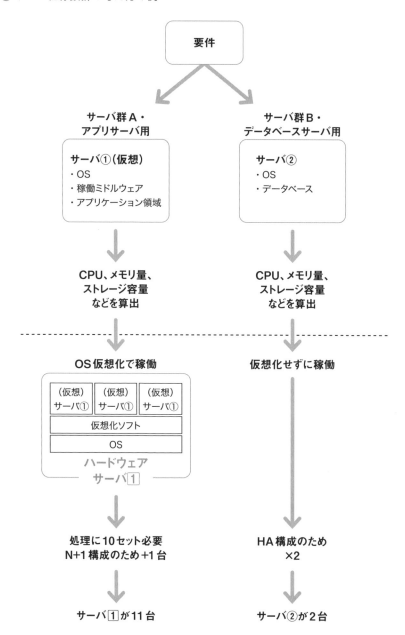

70 仮想化設計

仮想化は、理解できないとなかなかどういうものかが腑に落ちないと思います。もし仮想化のイメージがない場合は、設計に取りかかる前に仮想化そのものを理解するところからはじめるのが近道です。

設計の目的 （個別系）

仮想化自体は、リソースの有効活用や運用効率の向上を目的として行います。仮想化を適切に設計することで、そうしたメリットが享受できます。

設計書作成のステップ

まず、仮想化するべきか、避けるべきかを考え、する場合はその目的を明確にします。**仮想化にもデメリットはあります**。仮想化するためのリソースが必要な上に、複数の仮想サーバを1つの筐体に乗せることで性能が下がります。ハードウェア障害が発生すると、そこで稼働している仮想サーバが全滅します。そうしたデメリットが許容できない場合は、仮想化は避けた方がよいでしょう。また、仮想化する部位も様々あります。右図はOSを仮想化していますが、コンテナ技術のように、より小さな単位（アプリケーション実行環境など）で仮想化することもできます※1。適切な選択が必要です。

仮想化方式が決まれば、適切にリソースが使用できるような配置を設計します。

🎯 アドバイス

仮想化はリソースを有効活用してコストを下げる（ことを目的とする）といった側面がありますが、ソフトウェアのライセンス費用に関しては注意が必要です。仮想環境での利用だとライセンス料金体系が異なるプロダクトもあり、逆に費用が高くなるケースもあるためです。

※1) サーバに限らず、ネットワーク仮想化やストレージ仮想化など、様々な部位で仮想化が可能です。仮想化技術も進化していきますので、最新情報をキャッチアップしていきましょう。

◯ 仮想化設計の例

日中に処理が多いアプリ群と夜間に処理が多いアプリ群に分け、日中と夜間で稼働数を変えることでリソースを有効活用する

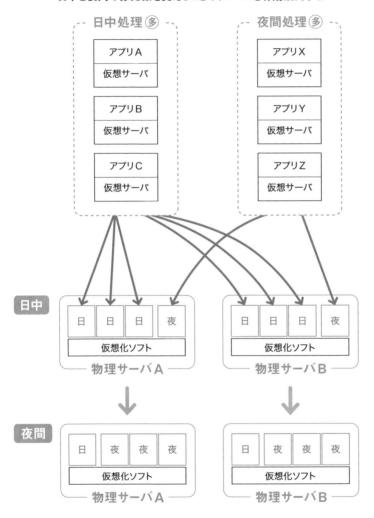

仮想化しているので、ソフトウェアのように起動／終了することができる

71 サーバプロダクト構成書

サーバプロダクト構成書は、サーバ内のOSやミドルウェアなどのインストール物件や細かなバージョンなどをまとめた設計書です。運用においてもメンテナンスし続けることが大切な設計書です。

設計の目的 管理系

サーバの中身を正しく把握しておくことで、様々な事象が発生した時に慌てずに対応できるようになります。例えば、セキュリティ脆弱性が発見された時に、該当のプロダクトを利用しているかどうか。ライセンスの更新が必要となるソフトウェアはどれか。サポートが終了するソフトウェアはどれか。など、影響を確認したい時に迅速に対応できます。

設計書作成のステップ

まずはプロダクト構成書そのものの型（管理対象情報）を作成しておきます。後は、プロダクト購入時やインストール時に内容が確定しますので、そのタイミングで設計書に反映しましょう。**ポイントは、細かなバージョンまで記述することと、できる限りそれらプロダクト、バージョンを採用した意図を残しておくことです。**常に最新版を採用するのが正しいわけではない[※2]ため、後から見た時に分かるようにしておくと便利です。

アドバイス

システムリリース後も、パッチ当てやバージョンアップは続きます。設計書のメンテナンスが漏れると内容が古くなってしまうので、メンテナンスできる運用も併せて用意しましょう。サーバ内の情報を自動収集するツールもありますので、活用を検討しましょう。また、セキュリティ上、全員に詳細バージョンまで伝えない方がよいケースもあります。公開範囲や内容はよくよく検討しましょう。

※2）最新バージョンはバグを内包していることも多く、業務システムは安定した枯れたバージョンで、かつサポート期限が長いプロダクトを採用する傾向にあります。

一般的には、OSに元々内包されていたソフトウェアやライブラリなど、使用しないものまで管理する必要はありません。ただし、サイバー攻撃を受けた時の脆弱性ポイントとなる可能性もあります。リスクのあるプロダクトについては、使用していなくても管理対象とするか、アンインストールしてしまうか、といった検討は必要です。

⊙ サーバプロダクト構成書の例

種類	プロダクト	バージョン	採用理由など	…
OS	Red Hat Enterprise Linux	8.7（カーネル 4.18.0-425.3.1）	安定バージョン	…
Webサーバ	NGINX	1.24.0	（PumaとSocket接続）	…
アプリケーションサーバ	Puma	Ruby on Railsに内包	–	…
フレームワーク	Ruby on Rails	7.0.4.3	最新機能を利用するため、最新の7系かつ最新バージョンを採用	…
Rails拡張機能	devise	4.9.2	（認証系拡張機能）	…
Rails拡張機能	kaminari	1.1.0	（ページング拡張機能）	…
データベース	PostgreSQL	15.2	–	…
プログラミング言語	Ruby	3.2.2	安定版最新	…
ライブラリ	openssl	3.1.0	RHEL内包のバージョンを最新版に差し替え	…
…	…	…	…	…

72 サーバ稼働サービス一覧

OSによって起動のさせかたに違いはありますが、一般的にサーバが処理を受けつけるためには、受けつけるための「サービス」を起動しておく必要があります。サービスを起動させておくと、もちろんサーバのリソースを使用します。

🔘 設計の目的 管理系

どのようなサービスがどのサーバで稼働しているのかを把握することで、起動しているサービスが妥当なのかが判断できます。また、それらのサービスがダウンしていないかを運用監視するためにも利用できます。有事の際の影響確認が迅速になるのも、他の管理系の設計書と同様です。

🔘 設計書作成のステップ

すでに、システム要件から必要なプロダクトなどを整理しているかと思います。それらを元に、どのサービスをどのサーバで稼働させるのかを設計しましょう。逆に、デフォルトで自動起動している不要なサービスは停止する方が望ましいでしょう（自動起動しないように設定変更する必要があります）。机上確認だけではなく、実機でどのようなサービスが起動しているかも確認してください。

🔘 アドバイス

セキュリティ面からすると、そのサービスが不要であるならばアンインストールするのが望ましいです。もし不正アクセスなどされた場合、悪用されてしまう恐れがあるためです。

また、最終的に、システムはサービスが稼働していない処理を受けつけることができません。そのため、サービスが稼働しているかの監視は重要な点です[3]。**本設計書のような管理系設計書は、他の様々な設計、運用にも活用していきましょう。**

---

[3] 一般的に、Linux系のOSの方がWindows Serverよりも長い時間安定して稼働する傾向にあります。そのため、Windowsは定期的に再起動する処理を組み込んだりします。

● サーバ稼働サービス一覧の例

サービス	稼働サーバ	備考
SSH	全サーバ	–
HTTP/HTTPS	Web サーバ	HTTPS はロードバランサで受けるため、実質的に Web サーバは HTTP で応答することになる。
DB リスナー	データベースサーバ	–
FTP/SFTP	ファイル転送サーバ	–
HULFT	ファイル転送サーバ	–
SMB	ファイル共有サーバ	Windows 系が接続する場合に利用。
NFS	ファイル共有サーバ	Linux 系が接続する場合に利用。
rsync	バックアップサーバ	–
DNS	DNS サーバ	–
IMAP/POP3/SMTP	メールサーバ	厳密にはセキュアな IMAPS、POP3S、SMTPS を利用。
redis	キャッシュサーバ	–
…	…	…

一覧の数(行)が膨大になる場合は、稼働サーバを整理の軸とし、そのサーバごとに起動するサービスを管理するのもよいでしょう。設計書の使い方を考え、管理しやすい形を作りましょう。

73 サーバ設定仕様書

OSやサービスにおいても、設定値があります。例えば、受けつけられるファイルサイズの上限であったり、ログを出力するパス情報であったり、などです。サービスを適切に利用できるようにこれらの設定を行います。

設計の目的 個別系

各種設定値を明確にすることで、要件が満たせていることの確認ならびに各サーバの品質を担保することができます。また、設定した部分についてはテストも必要になるため、テストケースの作成にも活用ができます。

設計書作成のステップ

利用するプロダクトなどのどこにどのような設定があるのかを明確にします[4]。そして、要件が満たせるように設定値を設計します。

アドバイス

こちらもOSによりけりですが、Linux系サービスの場合、設定はただのテキストファイルとなります。そのためライブラリ管理ツール（Section 28参照）といったバージョンを管理する仕組みが使えることが多く、手作業のミスを減らすためにも積極的に活用していきましょう。ただし、注意点もあります。設定ファイルには、それぞれの環境（本番環境、開発環境など）ごとの固有の設定やセキュアな情報（データベースに接続するためのパスワードなど）が含まれるケースがあります。それらの取り扱いをどのようにするかは要検討です。なお、セキュアな情報はライブラリ管理ツール対象外とすることがよいとされています。

設定値は、プロダクトのバージョンを上げることで変わることもあります。そうした対応を行う際は気をつけましょう。

※4) 基本的には、そのプロダクトの公式ドキュメントやマニュアルを確認すれば把握できます。重要なことが記載されていることもあるため、目を通す癖をつけましょう。

● サーバ設定仕様書（Apache）の例

#	分類	内容	設定値
1	製品		
1-1		Apache	バージョン：2.4.57
1-2		稼働OS	Red Hat Enterprise Linux8.7
…		…	…
2	設定ファイル（httpd.conf）		
2-1		サーバのルートディレクトリ	ServerRoot "/etc/httpd"
2-2		ドキュメントのルート	DocumentRoot "/var/www/html"

2-3		ディレクトリ設定	`<Directory />`
			　　Options FollowSymLinks
			　　AllowOverride None
			`</Directory>`
			
			`<Directory "/var/www/html">`
			　　Options Indexes FollowSymLinks
			　　AllowOverride None
			　　Require all granted
			`</Directory>`

2-4		ログ設定（エラーログ）	ErrorLog "logs/error_log"
2-5		ログ設定（アクセスログ）	LogFormat "%h %l %u %t \"%r\" %>s %b \"%{Referer}i\" \"%{User-Agent}i\"" combined CustomLog "logs/access_log" combined
…		…	…

74 サーバ構築手順書（クラウド編）

クラウド（AWS、GCP、Azureなど）でのサーバ構築はオンプレミスに比べると非常に楽ですが、やはりクラウド固有の注意点はあります。それらを見てみましょう。

設計の目的 個別系

手順書とすることで、作業品質や再現性を向上させることができます。事前に注意点も把握することができます。

設計書作成のステップ

採用するクラウドにおけるサーバの概念を理解し、どのように構築すべきかを設計します。**マニュアルを確認するとともに、実際にコンソール画面（管理者画面）からサーバ構築を試してみて**[5]、**どのような設定や考慮が必要なのかを確認する方法が早いです。**クラウドは少しだけ試してみる、という使い方に非常に適しています。

やるべきことが整理できたら、それら一連の作業を手順化します。

アドバイス

クラウドの進化は速いです。作業手順やその画面など、内容が変わることもよくあります。一度作成すれば完了ではなく、手順書を使う限り、内容が直近の状態になっているかの確認が必要です。こちらも、実際の画面を確認してしまうのが早いでしょう。

また、クラウドが提供しているデータを使う場合にも注意が必要です。例えば、マシンイメージ（サーバの雛型のようなもの）を使う形の手順としていても、そのイメージがなくなることもあります。手元にマシンイメージを確保しておくなど、クラウド側に影響されにくい手順を作る必要があります。

---

[5] 本当の初期利用だと、クラウドのアカウント発行から始まります。クレジットカードの登録が必要など、決済処理周り（の社内調整）で時間を要する可能性があるので留意してください。

● サーバ構築手順書(クラウド編)の例

☐ AWSアカウントにサインインする

☐ リージョンが「東京」であることを確認する

☐ EC2>AMIカタログをクリック

☐ 検索機能も利用して「Red Hat Enterprise Linux 9 with High Availability」を
選択する
ami-0dcb1703xxxxxxxxx (64ビット(x86))

☐ チェックが入っていることを確認して、「AMIでインスタンス起動」をクリック

AMIテンプレートを作成   **AMIでインスタンスを起動**

☐ 以下の値を設定する
Name and tags:test_rhel_01
インスタンスタイプ:t3.large
xxx:xxx

☐ キーペアは新しいキーペアを作成する
新しいキーペアの作成手順はyyyを参照

75 サーバ運用設計

サーバの継続利用に必要な処理の設計、それがサーバ運用設計です。再起動やバックアップ、監視やセキュリティパッチ適用など、まるで人が生きていくように、サーバもお世話が必要なのです。

🔘 設計の目的 個別系

サーバ運用設計を行うことで何をすべきかが明確になります。サーバを安定稼働させ、保守・運用が効率的に行えるようになります。

🔘 設計書作成のステップ

要件を整理し、サーバ運用設計でやるべきことを整理します。運用方式設計（全体編）をインプットにしましょう。例えば再起動やバックアップ、監視が「やるべきこと」として出てきたら、それらをまとまりのよい設計単位に分割します。処理の性質や、実施タイミングの違いなどで分けるとよいでしょう。

単位が決まれば、その内容を設計していきます。内容によっては運用のための自動ツールなどの構築も必要ですので、洗い出しましょう。

この後は、それぞれのサーバ運用手順書を作成する流れになります。

🔘 アドバイス

必要な処理を設計するのは当然ですが、**その処理にかかる時間や影響についても併せて考慮する必要があります**。例えば、毎日バックアップを行うと設計するのはよいですが、その処理に25時間かかるとしたら、絶対に成り立たないですよね。処理中はアプリケーションが稼働できないケースも多いです[6]。そうした影響も整理し、必要に応じて制約化するなり、調整するなりしていきましょう。成り立たない運用を設計しても意味がないです。

---

[6] サーバは「基盤」と呼ばれるくらいですので、メンテナンス中はその上で稼働しているアプリケーションへの影響が発生しやすいです。本番稼働後に緊急対応が発生した場合は、そうした調整が一番大変です。

⬤ サーバ運用設計の日次処理の例

日次通常メンテナンス

┌─ 処理概要 ─
・差分バックアップを取得
・ウイルスチェックを実行
・土曜の朝のみ、OS再起動を行う
└─

┌─ 前提 ─
・アプリケーションが稼働していないこと
└─

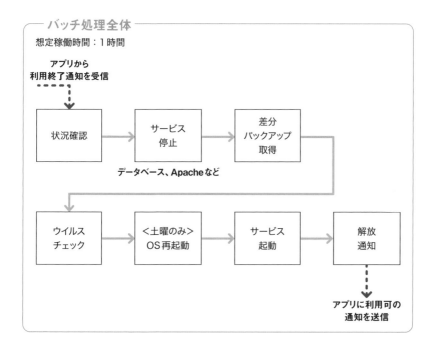

バッチ処理全体

想定稼働時間：1時間

アプリから
利用終了通知を受信

状況確認 → サービス停止 → 差分バックアップ取得

データベース、Apache など

ウイルスチェック → <土曜のみ>OS再起動 → サービス起動 → 解放通知

アプリに利用可の通知を送信

76 障害対応手順書

サーバでシステム障害やハードウェア故障が発生した際に対応するための手順書です。特に障害対応は時間との勝負です。きちんと整備しておくことがあらゆる面でのメリットを生みます。

設計の目的 (個別系)

障害手順書を準備しておくことで、迅速に、質の高いフォローを行うことができます。また、備えがあることで、落ち着いて対応することができます。

設計書作成のステップ

まずはどのような障害が発生しうるかを想定します。システムとしてサービスが提供できない状態とは何か。つまりサービスやOSがダウン、ハードウェア故障、といったケースを想定していきます。

そして、それらの想定ケースごとに、どのようにフォローを行えばよいのかを設計していきます。障害発生に伴う想定影響、復旧にかかる時間、復旧後に必要なフォロー、実施するための体制、そして復旧手順を設計します。

アドバイス

まず、全ての障害を想定することは不可能ですし、全てのケースの手順書を作成することも非効率です。影響度の高いもの、発生確率の高いものなど、優先度を考えて手順化していきましょう。

また、ある程度汎用的に使える手順にしておくこともポイントです。例えば、サーバ名まで固定でコマンドを打つような手順書にしてしまうと、サーバの数だけ手順書の作成が必要になってしまいます。

そして、障害訓練[7]を行いましょう。手順の妥当性確認を行うことで、より品質の高い手順書とすることができます。

※7) 本番環境で障害訓練を行うのはよいのですが、後片づけにも相当な注意を払ってください。片づけミスにより本番障害が発生するのは精神的にも非常に辛いものがあります……。

◆ 障害対応手順書の例

障害想定ケース　仮想化基盤のダウン（ハードウェア障害起因）

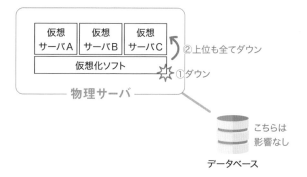

─ 対応概要 ─

復旧最優先のため、待機中の物理サーバ上で同一仮想サーバを稼働させる
想定復旧時間：20分（確認など含む）

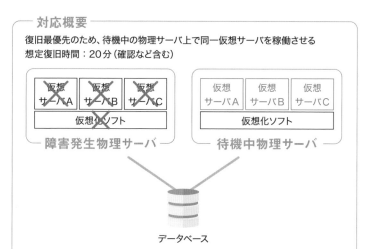

─ 作業手順 ─

①ダウンしたサーバの特定
・監視ツールにて対象を特定
・障害部位が本番処理ネットワークから切り離されていることを確認
・データベースに不整合が発生していないことを確認
　（ログより）

②待機中物理サーバの状況確認
…

サーバ設計ができれば、
たいていはなんとかなる

「システムについてまったく分からないのですが、どのように勉強していけばよいですか？」といった質問をいただくことがあります。もちろんその人に応じた最適なルートは様々だと思いますが、本当に"システムというもの"を理解したいのであれば、自分でサーバを作ってみることをオススメしています。昨今はクラウド上で簡単に作れますが、できればそうではなく、パソコンのパーツを個別に購入して組み立てて、サーバとして稼働できるように構築することがオススメです。

なぜなら、ここにシステムが稼働するほぼ全ての要素が詰まっているためです。そもそもコンピュータの中にはどのようなパーツ（CPU、メモリ、ディスクなど）があり、それらはどういう役割をしているのか。そして、OSをインストールするにはどうすればよいのか。その上にWebサーバを稼働させるには何をインストールすればよいのか。設定はどうすればよいのか。もちろん、これらの途中で最小限のネットワーク接続も必要です。そして、プログラミングする環境をどう作ればよいのか、構築したアプリケーションを動かすにはどのように配置すればよいのか。

こうした積み重ねを体感していると、いざ設計する時に、何をしなければいけないかの勘が働きます。もちろん、システム障害が発生した時にも勘が働きます。

筆者は小さい頃からコンピュータが大好きでしたので、知らず知らずのうちにそうしたことを体験し、身につけていました。これは社会人になり、業務としてシステムを作るようになった時に大きな力になっていたと思います。コンピュータはまだまだ高価だった時代です。その中でも、比較的自由に色々とさせてもらった両親には感謝しかないですね。

なお、この話は"仕事としてシステムを作って稼いでいくための効率のよい学習方法"ではありません。上記の感覚を持っていたとしても、業務で使えるシステムが作れるわけではありません。しかし、長い目で見ると、様々な事象が脳内でつながるタイミングがあり、一気にレベルアップできることでしょう。

## CHAPTER 10

設計書の活用

さて、以上で設計書の説明は終了です。ですが、設計書はシステムを開発するためだけに作成しているのではありません。上手く活用することで、よりシステムの品質を高めていけるものなのです。最終章ではそんなトピックスを紹介します。

77 設計書は開発のためだけではない

Section 08「設計書を作成する理由」で、なぜ設計書を作成するのかを説明しました。もちろんシステムを開発するためですが、ここではそれら以外の利用方法を説明します。

システムリリース後の活用用途

　保守・運用、廃止においても、設計書は大変重要です。そもそも保守・運用に入ると、システム初期構築時のメンバーで体制をとれるわけではありません。それはコストの問題です。プロジェクト中は大人数が必要となりますが、保守・運用でそのような人数を抱えきれるほど対応すべきことはありません。必然的に人数は激減することになります。場合によっては、新規構築したメンバーが誰もいない体制になることもあります。そのため、設計書はまず保守・運用への引き継ぎという意味合いがあるのです。

　そして保守・運用において設計書を活用していくわけですが、**システムの影響調査や社員の教育、そして廃止（次のシステムへの移行）においても、強力な武器となります**。これらは後のSectionにて説明します。

　保守・運用中においても、もちろん継続した設計書（ドキュメント）のメンテナンスが必要となります。

まずは設計書を直近内容に整備する

　新規でシステム開発していた時は、設計書まで手が回りきらずに中途半端な状態、もしくはそもそも設計書がないといったことがあります。むしろ、現実的には完璧に揃っていることはないと言い切ってもよいでしょう。プロジェクト終盤で修正した内容を、上流の設計書から全て整合性を反映する余力はまずありません。初期システム構築後は様々な残タスクがあります。その1つとして、ドキュメント整備は必ず実施しましょう[1]。

※1) とは言え、やはりドキュメント整備は後回しになりがちです。しかし、有識者がいて記憶があるうちに実施しないと、何倍ものメンテナンスコストがかかることになります。

● 設計書の活用例

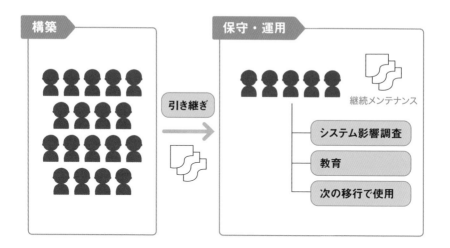

● システムリリース後の対応

78 設計書は継続したメンテナンスが重要

設計書を活用するためには、設計書の内容が正しいことが絶対です。しかし、実は設計書のメンテナンスもよくよく考えないと難しい要素が色々とあるのです。設計書が誤っていても、すぐには気がつけないという点も難しくしています。

◉ 設計書のメンテナンスも意外と難しい

　設計書が誤った内容であれば、それを使って作業を進めていくと問題が発生するというのは容易に想像がつくでしょう。そうならないためには、当たり前ですが設計書を正しく更新していく必要があります。しかし、そう簡単ではないのです。保守では既存システムに対して改修を行いますが、設計書はその改修案件に対して作成します。例えば、その案件の概要を説明したドキュメントであったり、プログラムを修正する部位だけを抽出したロジック設計だったりするわけです。これらは、システムリリースが終わってから設計書のマスタに反映を行います[※2]。

　しかし、人が対応することですので、そもそも反映箇所が足りていない（管理系や俯瞰系の設計書は漏れがちです）、反映箇所を間違える、といったことは起こりえます。**設計書が誤っていても即システムトラブルとはならないため、なかなか気がつけません。**

　これらはメンテナンスルールを整備し、改修案件の対応中に、反映すべき設計書マスタについても設計・レビューしていくのが効果的です。

◉ メンテナンスコストも考える

　こうした設計書のメンテナンスは、もちろん対応コストがかかります。そして、似たような設計部位（例えば、似たような管理系の設計書）があると、二重メンテナンスが必要となってしまいます。そうした点が見えてきたら、時にはその設計書を廃止する、という判断も行いましょう。

※2) 案件対応中にマスタに反映してしまうと、リリースを中止した時に戻し忘れたり、その更新された設計書を違う案件で使い事故が起こったりと色々な問題が発生します。

設計書メンテナンスのイメージ

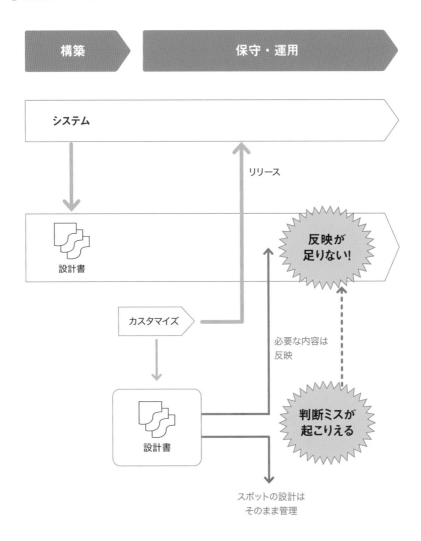

構築

保守・運用

システム

リリース

設計書

反映が
足りない!

カスタマイズ

必要な内容は
反映

設計書

判断ミスが
起こりえる

スポットの設計は
そのまま管理

10

設計書の活用

79 設計書は影響調査に使用する

影響調査とは、システムに対して何かが発生しそう・した時に、どのような影響が起こりえるのかを確認することです。システム運用を経験すると分かりますが、影響調査は頻繁に発生します。

影響調査はこのような時に発生する

　一般的には、〇〇の変更を行いますが影響はありますか？　といったケースです。例えば「郵便番号を5桁→7桁に拡大します、影響はありますか？」といったものです。他にも値の意味が変わる、計算ロジックが変わる、法律が変わるのでチェック機能を追加しないといけない……など、本当に様々です。システム障害時にも影響調査が発生します。連携したデータが本来は1のはずが10で伝送してしまいました、フォローの必要有無を含めて影響を確認してください、といったケースです。

影響調査に求められるスピード、品質はマチマチ

　影響調査といっても求められる回答のレベルには差があります。「ざっくりと影響を把握してコストを見積もりたいので、さっと分かる範囲で教えてください」「システム障害で10分以内に想定影響を知りたい。まずはスピード優先で報告してください」「システムを改修するため、精緻に影響を把握してください」などです。求められる品質に対して、設計書やソースコードなどを駆使して調査する必要があります。

設計書なしでは、先の先まで分からないことも

　例えばファイルを転々と先のシステムまで転送しているとします。そうした場合、ソースコードからの調査では、1つずつ追う必要があります。あらかじめ設計書で整理しておけば、素早く影響を把握することができます[3]。

---

[3] 特にシステム障害時においては、こうした管理系の資料が威力を発揮します。筆者もこうした資料にどれだけ助けられたか、数えきれません。

● 影響調査のイメージ例

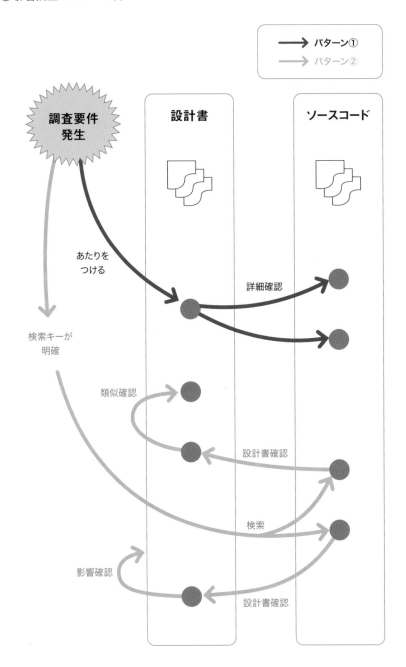

80 設計書はシステムの品質を高めるために使用する

設計書には、システムの思想そのものが込められています。実現したいこと、制約だったことなど様々な要因があり今のシステムを形作っています。無視して改修すると、想定外のことが起こりかねません。

💿 設計思想は全体設計にあり

　ソースコードだけを見ていたとしても、なぜそのような仕組みやロジックで構築されているのかは分かりません。同じ処理を実現するにしてもシステム構築パターンはいくらでもあるためです。

　そうした設計思想は、全体設計にて設計しています。保守・運用においても全体設計に沿った改修を行っていくことで、品質を維持したままシステムを利用することができるでしょう。逆に、**全体設計を無視した改修を繰り返してしまうと、当初想定していなかった問題が起こり始めます。**メンテナンス性の低下、セキュリティの低下、ハードウェア障害時に想定通り復旧できないなど、ジワジワとシステムの品質が低下していきます[4]。いくら改修のたびに正しく各設計書をメンテナンスしていたとしても、この事象は防げません。

💿 現状の問題確認とリファクタリングに使用する

　設計思想に沿った設計を行うことは大切ですが、現状のシステムが100点の状態かと言うと、まずそうではありません。特に新規システム構築プロジェクトは、バタバタの連続です。なんとかスケジュールやコストを守るために、設計思想外の対応を余儀なくされることは多々あります。設計書を確認していけばそのような部位にも気がつくでしょう。そうした場合はぜひリファクタリングにトライしてください。リファクタリングとは、外部から見た挙動は変えずに、内部構造を修正することを言います。

---

[4] こちらも筆者の経験です。1つ設計思想をねじ曲げて構築すると、それが原因で次のねじ曲げが発生します。結果、管理パターンの増大を招き、メンテナンスコストが増加していきます。

● 全体設計書に沿った保守対応例

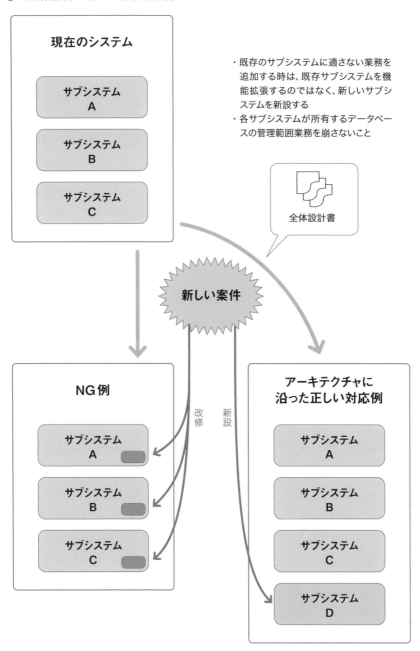

現在のシステム

サブシステム
A

サブシステム
B

サブシステム
C

・既存のサブシステムに適さない業務を
　追加する時は、既存サブシステムを機
　能拡張するのではなく、新しいサブシ
　ステムを新設する
・各サブシステムが所有するデータベー
　スの管理範囲業務を崩さないこと

全体設計書

新しい案件

改修　　新設

NG例

サブシステム
A

サブシステム
B

サブシステム
C

アーキテクチャに
沿った正しい対応例

サブシステム
A

サブシステム
B

サブシステム
C

サブシステム
D

81 設計書は教育に使用する

設計書は生きたノウハウの塊です。よく、研修よりもOJT（現場での活動）が有効だ、といった話がありますが、現場で稼働しているシステムや設計書は生きた教材です。ぜひ、教育に使ってみてください。

 設計書から学べることは山のようにある

　大規模なシステムになれば、それこそ何千人という人間が必死になって作り上げたものが設計書になっているわけです。ただのシステム仕様書としてしか使わないのは宝の持ち腐れです。右図のように、設計書から学べることは山ほどあります。**教科書的なITスキルは当然のことながら、ノウハウ的なことまで学べます**[5]。

　一人で設計書を読んでも限界があるため、チームや有志での勉強会開催をオススメします。筆者も、忙しいにもかかわらず時間を割いて教えていただける先輩方がたくさんいらっしゃいました。生きたシステムを題材にした勉強は、血肉となります。

　また、もし現システムにおいてうまく設計できていない部分を発見したとしても、どうすればよくなるかを考えることで、よりレベルアップすることができるでしょう。

設計書は業務ロジックの塊でもある

　システムは、業務を行うために存在します。つまり、プログラムは業務ロジックそのものなのです。ですので、業務の現場にいる人よりもシステム担当者の方が業務に詳しい、といったことが起こりえます。システムは様々なイレギュラー業務に対応していることもあり、稀にしか発生しないような業務は、現場の人は知らなかったりするのです（もちろん、見ているシステム以外の業務は見えづらいため、現場の方が詳しいことが多いですが……）。

---

[5] こちらも筆者の経験です。プロダクトバグっぽいにもかかわらず、どうしても原因が特定できない事象がありました。ただ、事象発生時に別の処理を動かすと解消するため、その仕込みを実装したことがあります。これも一種の生きたノウハウだと思います。

● 設計書から学べることの例

・設計思想
・アーキテクチャの作り方
・非機能要件の対応方法
　　　　　　　　　など

・データベースの扱い方
・テーブル分割の考え方
・業務上発生する情報
　　　　　　　　　など

・処理パターン
・発生しうるエラーの把握
・業務ロジックの理解
　　　　　　　　　など

・システムの組み方
・使用リソースの感覚
・運用ノウハウ
　　　　　　　　　など

勉強会などを行い、レベルアップしよう!

82 設計書は移行の元ネタに使用する

移行。それはシステムのライフサイクルの最後である「廃止」における、現システム最後の対応です。保守・運用にて設計書をメンテナンスし続けた成果が問われます。

移行時に現システムの仕様確認は必須

　システムはいつか必ず廃止を迎えます。ここで言う廃止とは業務がなくなることではなく、ハードウェアの老朽化やOSのサポート切れなどを意味します。しかし業務を終了するわけにはいきませんので、別の環境に移行することになります。つまり、現システムから新システムへの移行が必要となります。

　まずは、移行の検討チームが立ち上がるでしょう。そのメンバーは現システムの有識者とは限らず、むしろ、あまり知らない方が担当となることが多いかもしれません。そして、まずは設計書など、確認できるものから情報収集していくことになるでしょう。こうした場合によく確認するのは、俯瞰系や管理系の設計書です。ざっと把握するには最適な設計書です。目先の改修対応に追われ、**こうした全体感が分かる設計書のメンテナンスができていなければ、影響を見誤る可能性が高くなります**。

継続したメンテナンスがコストを下げる

　検討前に設計書を直近内容にすればよいのでは、と感じるかもしれません。そうなのです。現実的に、設計書の品質が悪く、検討開始前に設計書の品質向上対応を行うこともあります[6]。しかし、まとまった対応コストが必要になりますし、プロジェクト立ち上げ前に多くの時間を浪費してしまうことになります。メンテナンスは都度実施するほうが効率がよいでしょう。正しくない設計書は、最後までトラブルの元となります。

---

[6]　そもそも過去の対応を知らないメンバーが対応する状況であったりもするので、都度メンテナンスを実施しているよりも非効率な対応となりがちです。

◆ 移行検討時の最初の影響調査

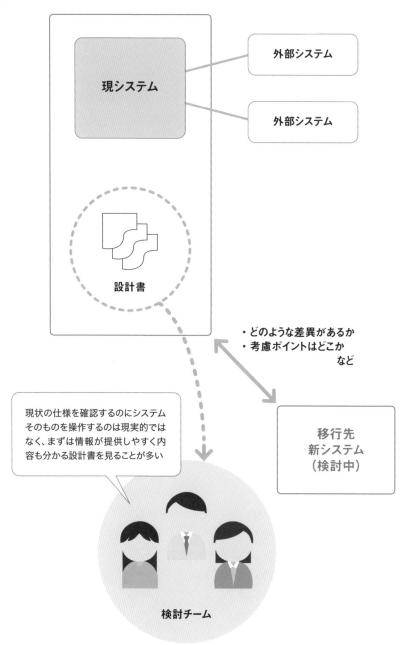

外部システム

外部システム

現システム

設計書

・どのような差異があるか
・考慮ポイントはどこか
　　　　　　　　　　など

移行先
新システム
（検討中）

現状の仕様を確認するのにシステム
そのものを操作するのは現実的では
なく、まずは情報が提供しやすく内
容も分かる設計書を見ることが多い

検討チーム

設計書は不要、という暴論

　たまに「設計書なんて不要、ソースコードがあれば問題ない」といった趣旨の議論に触れることがあります。ここまで読み進めた方なら同じ感覚だと思いますが、「ありえない」ですよね。

　こうした議論は、まずそのスコープが不明瞭なのが問題です。確かに、個人レベルで構築できる規模のアプリケーション程度でしたら設計書は不要かもしれません。現に筆者自身も、この規模の開発では設計書は作成していません。ただし、後日改修をしようとした時、内容がまったく思い出せません。ソースコードにコメントを書き込んではいますが、やはり断片的です。様々なコードやコメントを見て少しずつ思い出し、なんとか改修をしています。生産性が低すぎて改修のハードルが非常に高くなります。「過去の自分は他人」とはよく言ったものです。

　Section 08「設計書を作成する理由」でも述べた通り、業務システムは多くの人間で作り、運用していきます。それらの共通言語がソースコードというのは、現実的には不可能でしょう。また本章（10章）で述べている通り、保守・運用においても設計書は生命線です。そして、4章「全体設計」の内容は、ソースコードからは分かりません。こうしたことを考えると「設計書なんて不要」というのは、規模が極端に小さいか、運用の経験がないか、作り逃げ前提か。それとも大天才か、だと感じます。

　このように設計書は重要なものだと考えています。しかし、それは未来永劫ではないかもしれません。AIの台頭により、近い将来プログラミングはほぼ自動化できるようになるでしょう。機能追加も自動で組み込んでくれるようになりそうです。そして、ソースコードがあれば影響調査や障害部位の特定も可能になるかもしれません。そうなった時に、どこまで設計書が必要となるでしょうか。

　実は、設計書そのものには業務的な価値はないと考えています。上記に挙げたようなことを効率よく実施していくために設計書を作成しているのです。「設計書は必要である」という先入観を持たず、真の価値を見極め、時代に柔軟に適用していけるようにしたいですね（自戒を込めて）。

参 考 文 献

1 『エンジニアのためのドキュメントライティング』／ジャレッド・バーティ、ザッカリー・サラ・コーライセン、ジェン・ランボーン、デービッド・ヌーニェス、ハイディ・ウォーターハウス著／岩瀬 義昌訳／日本能率協会マネジメントセンター／2023年

2 『絵で見てわかるマイクロサービスの仕組み』／樽澤 広亨、佐々木 敦守、森山 京平、松井 学、石井 真一、三宅 剛史著／樽澤 広亨監修／翔泳社／2021年

3 『図解入門よくわかる 最新Oracleデータベースの基本と仕組み [第5版]』／水田巴著／秀和システム／2019年

4 『いちばんやさしいGit&GitHubの教本 第2版 人気講師が教えるバージョン管理＆共有入門』／横田紋奈、宇賀神みずき著／インプレス／2022年

5 『ずっと受けたかったソフトウェアエンジニアリングの授業〈1〉増補改訂版』／鶴保 征城、駒谷 昇一著／翔泳社／2011年

6 『現場で役立つシステム設計の原則』／増田亨著／技術評論社／2017年

7 『図解即戦力 UMLのしくみと実装がこれ1冊でしっかりわかる教科書』／株式会社フルネス　尾崎惇史著／技術評論社／2022年

8 『ユーザー要求を正しく実装へつなぐシステム設計のセオリー』／赤 俊哉著／リックテレコム／2016年

9 『ずっと受けたかったソフトウェアエンジニアリングの新人研修 第3版 エンジニアになったら押さえておきたい基礎知識』／飯村 結香子、大森 久美子、西原 琢夫著／川添 雄彦監修／翔泳社／2018年

10 『図解即戦力 要件定義のセオリーと実践方法がこれ1冊でしっかりわかる教科書』／エディフィストラーニング株式会社　上村有子著／技術評論社／2020年

11 『インフラ／ネットワークエンジニアのためのネットワーク技術＆設計入門 第2版』／みやたひろし著／SBクリエイティブ／2019年

12 『システム設計の謎を解く 改訂版』／高安 厚思著／SBクリエイティブ／2017年

13 『はじめよう！システム設計』／羽生章洋著／技術評論社／2018年

14 『インフラ設計のセオリー――要件定義から運用・保守まで全展開』／ＪＩＥＣ基盤エンジニアリング事業部 インフラ設計研究チーム著／リックテレコム／2019年

15 『図解即戦力 インフラエンジニアの知識と実務がこれ1冊でしっかりわかる教科書』／インフラエンジニア研究会著／技術評論社／2021年

16 『現役システムエンジニアが教えるシステム設計はじめの一歩: 基本設計編 (豆だぬき本舗)』／豆だぬき著／豆だぬき本舗／2021年

17 『はじめての設計をやり抜くための本 第2版 概念モデリングからアプリケーション、データベース、アーキテクチャ設計、アジャイル開発まで』／吉原 庄三郎著／翔泳社／2022年

18 『エンジニアなら知っておきたい システム設計とドキュメント』／梅田弘之著／インプレス／2022年

19 『システムを作らせる技術　エンジニアではないあなたへ』／白川克、濱本佳史著／日本経済新聞出版／2021年

20 『情シスの定石 ～失敗事例から学ぶシステム企画・開発・保守・運用のポイント～』／石黒直樹、解夏著／技術評論社／2022年

おわりに

　最後までお読みいただきありがとうございました。できるだけ初学者に向けてまとめましたが、専門的な内容を抜きに説明することはさすがに難しいです。すぐには理解できない部分もあったかと思います。そうした部分はゆっくり一つずつ紐解いていただければと思います。本書はこの先も通用するであろう基礎的な知識をまとめました。ここで得た基礎が無駄になることはありません。ぜひお手元に置いてご活用いただけますと幸いです。本書をヒントに次のステップに進むお手伝いができたとならば、これほど嬉しいことはございません。

　本書は技術評論社様の「図解即戦力」シリーズの1冊となります。おおよその紙面レイアウトが決まっており、その枠組みに合わせるのが非常に苦労しました。多くのお伝えしたい内容を2ページ単位に凝縮、左ページは文章、右ページは図表を基本形としてまとめ上げました。分量的には倍のページ数を執筆した感覚です。苦労はしましたが、非常に頭の整理がしやすい形だと感じました。いかがでしたでしょうか。

　最後になりますが、このような出版の機会を与えてくださった技術評論社様、編集者の鷹見様、小竹様。本書検討時点から多大なアドバイスをいただいた解夏様、テラハーベスト 髙橋伸匡様。レビューに多大なご協力をいただいた長野士郎様。様々な面からご指導いただきましたお客様、上司、先輩、同僚、後輩、パートナーの皆様。そして、長期間、執筆活動の時間を作ってくれた妻 載子、息子 考成、仁成。皆様のご協力なしには本書を世に送り出すことはできませんでした。この場をお借りして、お礼を申し上げます。本当にありがとうございました。自身2度目の執筆活動でした。書くたびに（そのしんどさのあまり）「二度とやるものか」と思いますが、知識の形として「書籍」は素晴らしいものだと思います。機会がございましたら懲りずにまたトライしようと思います。その際はまたお付き合いいただけますと幸いです。

2023年8月

石黒直樹

Index

著者プロフィール

石黒直樹 (いしぐろなおき)

1981年生まれ、京都府出身。株式会社グロリア代表取締役。

大学卒業後、日本を代表するシステムインテグレータ (SIer) である株式会社野村総合研究所に入社。主に、高い品質が必要とされる金融系システムを担当し、大規模プロジェクト、開発、保守、運用など、情報システムに関するさまざまな経験を有する。15年勤務の末、独立して現職。デジタル技術をコアとしたビジネス支援・サービス提供・情報発信を行い、- あなたと共に、未来を創る - ことを理念として活動。大企業、中小企業、個人事業主、起業家の方など、規模を問わず、"身の丈"最適を追求しビジネス強化の実現をお手伝いしている。

著書に『情シスの定石〜失敗事例から学ぶシステム企画・開発・保守・運用のポイント〜 (技術評論社)』。

https://gloria.cool

■ お問い合わせについて

本書に関するご質問については、記載内容についてのみとさせて頂きます。本書の内容以外のご質問には一切お答えできませんので、あらかじめご承知おきください。また、お電話でのご質問は受け付けておりませんので、書面またはFAX、弊社Webサイトのお問い合わせフォームをご利用ください。

なお、ご質問の際には、「書籍名」と「該当ページ番号」、「お客様のパソコンなどの動作環境」、「お名前とご連絡先」を明記してください。

〒162-0846
東京都新宿区市谷左内町21-13
株式会社技術評論社
『図解即戦力　システム設計のセオリーと実践方法がこれ1冊でしっかりわかる教科書』係
FAX：03-3513-6173
URL：https://book.gihyo.jp

お送りいただきましたご質問には、できる限り迅速にお答えをするよう努力しておりますが、ご質問の内容によってはお答えするまでに、お時間をいただくこともございます。回答の期日をご指定いただいても、ご希望にお応えできかねる場合もありますので、あらかじめご了承ください。

ご質問の際に記載いただいた個人情報は質問の返答以外の目的には使用いたしません。また、質問の返答後は速やかに破棄させていただきます。

■ カバーデザイン————————— 井上新八
■ 本文デザイン・DTP————— リンクアップ
■ 担当————————————— 小竹香里

| 本書サポートページ |

https://gihyo.jp/book/2023/978-4-297-13791-5
本書記載の情報の修正／訂正については、当該Webページで
行います。

ず かいそくせんりょく
図解即戦力
せっけい   じっせんほうほう
システム設計のセオリーと実践方法が
        さつ   きょう か しょ
これ1冊でしっかりわかる教科書

2023年10月20日　初版　第1刷発行
2024年 8月20日　初版　第3刷発行

著　者　　　石黒直樹
　　　　　　いしぐろなおき
発行者　　　片岡　巌
発行所　　　株式会社技術評論社
　　　　　　東京都新宿区市谷左内町21-13
　　　　　　電話　　　03-3513-6150　販売促進部
　　　　　　　　　　　03-3513-6177　第5編集部
印刷・製本　株式会社加藤文明社

ISBN978-4-297-13791-5 C3055　　　　　　　Printed in Japan